U0724645

人居
环境

中国私家名园

人居环境编委会　编著

中国大百科全书出版社

图书在版编目（CIP）数据

中国私家名园 / 人居环境编委会编著 . -- 北京 ：
中国大百科全书出版社，2025. 1. --（人居环境）.
ISBN 978-7-5202-1701-9

Ⅰ. TU986.62-49

中国国家版本馆 CIP 数据核字第 2025AK4891 号

总 策 划：刘 杭 郭继艳
策划编辑：张志芳
责任编辑：张志芳
责任校对：梁嬿曦
责任印制：王亚青
出版发行：中国大百科全书出版社有限公司
地 址：北京市西城区阜成门北大街 17 号
邮政编码：100037
电 话：010-88390811
网 址：http://www.ecph.com.cn
印 刷：唐山富达印务有限公司
开 本：710mm×1000mm 1/16
印 张：10
字 数：100 千字
版 次：2025 年 1 月第 1 版
印 次：2025 年 1 月第 1 次印刷
书 号：ISBN 978-7-5202-1701-9
定 价：48.00 元

本书如有印装质量问题，可与出版社联系调换。

这是一套面向大众、根植于《中国大百科全书》第三版（以下简称百科三版）的百科通俗读物。

百科全书是概要记述人类一切门类知识或某一门类知识的完备的工具书。它的主要作用是供人们随时查检需要的知识和事实资料，还具有扩大读者知识视野和帮助人们系统求知的教育作用，常被誉为"没有围墙的大学"。简而言之，它是回答问题的书，是扩展知识的书。

中国大百科全书出版社从 1978 年起，陆续编纂出版了《中国大百科全书》第一版、第二版和第三版。这是我国科学文化建设的一项重要基础性、标志性、创新性工程，是在百年未有之大变局和中华民族伟大复兴全局的大背景下，提升我国文化软实力、提高中华文化国际影响力的一项重要举措，具有重大的现实意义和深远的历史意义。

百科三版的编纂工作经国务院立项，得到国家各有关部门、全国科学文化研究机构、学术团体、高等院校的大力支持，专家、学者 5 万余人参与编纂，代表了各学科最高的专业水平。专家、作者和编辑人员殚精竭虑，按照习近平总书记的要求，努力将百科三版建设成有中国特色、有国际影响力的权威知识宝库。截至 2023 年底，百科三版通过网站（www.zgbk.com）发布了 50 余万个网络版条目，并陆续出版了一批纸质版学科卷百科全书，将中国的百科全书事业推向了一个新的高度。

重文修武，耕读传家，是我们中国人悠久的文化传承。作为出版人，我们以传播科学文化知识为己任，希望通过出版更多优秀的出版物来落实总书记的要求——推动文化繁荣、建设中华民族现代文明，努力建设中国式现代化强国。

为了更好地向大众普及科学文化知识，我们从《中国大百科全书》第三版中选取一些条目，通过"人居环境""科学通识""地球知识""工艺美术""动物百科""植物百科""渔猎文明""交通百科"等主题结集成册，精心策划了这套大众版图书。其中每一个主题包含不同数量的分册，不仅保持条目的科学性、知识性、准确性、严谨性，而且具备趣味性、可读性，语言风格和内容深度上更适合非专业读者，希望读者在领略丰富多彩的各领域知识之时，也能了解到书中展示的科学的知识体系。

衷心希望广大读者喜爱这套丛书，并敬请对书中不足之处给予批评指正！

《中国大百科全书》编辑部

—— "人居环境"丛书序

　　人居环境科学理论与实践是中国改革开放 40 周年的标志性成果之一。1993 年，吴良镛、周干峙与林志群在中国科学院技术科学部大会上提出建立"人居环境学"设想，将其作为一种以人与自然协调为中心、以居住环境为研究对象的新的学科群。2012 年，吴良镛获得 2011 年度国家最高科技奖，国家最高科学技术奖评审委员会评审意见认为："吴良镛院士是我国人居环境科学的创建者。他建立了以人居环境建设为核心的空间规划设计方法和实践模式，为实现有序空间和宜居环境的目标提供理论框架。"这意味着人居环境科学已得到学界的认可。

　　人居环境科学是涉及人居环境有关的多学科交叉的开放的学科群组。人居环境科学强调"建筑—城乡规划—风景园林"三位一体，作为人居环境科学的核心，地理学、生态学、环境科学、遥感与信息系统等是与人居环境科学关系密切的外围学科，以上这些学科共同构成了开放的人居环境科学学科体系。可见，人居环境科学的融合与发展离不开运用多种学科的成果，特别要借重各自的相邻学科的渗透和展拓，来创造性地解决复杂的实践中的问题。

　　人居环境是人居环境科学理论与实践的研究对象，其建设意义重大。党的二十大报告将"城乡人居环境明显改善"列入全面建设社会主义现代化国家未来五年的主要目标任务。这充分体现了城乡人居环境建设在党和国家事业发展全局中的重要地位。为此，依托《中国大百科全书》

第三版人居环境科学（含建筑学、风景园林学、城乡规划学）、土木工程、中国地理、作物学等学科内容，编委会策划了"人居环境"丛书，含《中国皇家名园》《中国私家名园》《古建》《古城》《园林》《名桥》《山水田园》《亭台楼阁》《雕梁画作》《植物景观》十册。在其内容选取上，采取"点"与"面"相结合的方式，并注重"古与今""中与西"纵横两个维度，读者可从其中领略人居环境中蕴藏的文化瑰宝。

希望这套丛书能够让更多的读者进一步探索人居环境科学理论与实践体系！

人居环境丛书编委会

—— 本书序

　　园林是中国独有的一种建筑样式，古已有之。明清两代，苏州、无锡以及扬州和南京等地，一些富商巨贾竞相把自家的庭院建成小巧的花园，使我国私家园林的发展进入了最辉煌的时期。私家园林的设计思想是，除了满足自家生活的一般需要外，还要有一定的欣赏韵味，即在有限的空间里，营造出与大自然类似的环境氛围，所谓"不出城廓，而享山林之美"。

　　私家园林常见庭园、宅园、游憩园、别墅园4种类型。市镇中的私家园林，多为庭园和宅园，依附于邸宅作为园主游憩、宴乐、会友、读书的场所，一般紧邻邸宅的后部，呈"前宅后园"的格局，或位于一侧成跨院，也有不依附于邸宅而单独建造的游憩园。郊外山林风景地的私家园林多为别墅园，供园主避暑、休养或短期居住，规模较宅园大。在城市中隐于园是中国古代文人士大夫阶层的追求，历代名人如王维、杜甫、白居易、苏舜卿、米芾、文徵明等皆参与造园，并以诗文书画传颂园林。经过文人的审美凝练，园林造景手法逐渐由模仿发展到抽象、写意自然。

　　私家园林一般规模不大，占地几亩至十几亩，也有不到一亩的园子。因用地局限，造景追求小中见大，壶中天地，如文震亨在《长物志》中所言："一峰则太华千寻，一勺则江湖万里。"假山、水池、植物、建筑是园林的基本要素，造园时以诗词立意、画面构图的方式，巧妙予以布局，形成充满诗情画意的游憩空间。私家园林有江南、北方和岭南3种风格。江南园林以空灵多变见长，北方园林则沉稳端庄，岭南园林并蓄中西。现存私家园林以江苏的苏州园林数量最多，品质最高，苏州古典园林已登录世界文化遗产。中国的私家园林主要分布于江苏省、浙江省、广东省、四川省、北京市等地。

北方园林景观指分布于秦岭—淮河以北地区的园林景观，历史上以北京、西安、洛阳、开封为主，有王公府园、城市宅园和郊外别墅园3种类型，现存实例主要分布于北京市、天津市、山东省、山西省等地，以北京园林为代表。北方名园有：北京恭王府园、礼王园、可园，山东潍坊十笏园、青州偶园，山西太古孟家花园等。

江南园林景观指苏南、浙北地区的园林景观，是中国古典园林高超技艺的代表。现存名园有：上海的豫园，苏州的拙政园、留园、网师园、沧浪亭、环秀山庄、狮子林、耦园、艺圃、吴江退思园，扬州的何园、个园，无锡的寄畅园，南京的瞻园、煦园，南通如皋水绘园，浙江海盐绮园、南浔小莲庄等。

岭南园林景观指广东中、东部的清代园林景观。现存最早遗址"九曜石"为五代时南汉国宫苑"药洲"的一组山石。清代岭南地区经济发达，文化交汇，岭南园林风格凸显，影响至广东、福建和台湾等地。现存较为完整的庭园30余处，分布于粤中和潮汕。粤中四大名园为：顺德清晖园、东莞可园、番禺余荫山房、佛山梁园。潮汕庭园以澄海西塘、潮阳西园为代表。

目　录

第2章 空灵多变——江南私家名园 39

第3章 并蓄中西——岭南私家名园 127

第1章

沉稳端庄——北方私家名园

北京宅园

中国明清两代王公、贵族、达官、文士在北京营建的宅园。据记载，著名的明代宅园有 50 多处，清代宅园有 100 多处。现保存较完整、部分尚存或有遗址可查考的北京宅园有 50 多处。宅园的设计思想，除了为满足物质和精神的享受而建造"城市山林"外，还追求气派，以显示政治地位，这和江南宅园追求超凡脱俗的意境有明显的不同。

宅园布局受四合院建筑和宫苑影响，空间划分数量少而面积大，常用中轴对称布局。园林以得水为贵，选址大多在靠近水系的地方。明代北京西郊海淀一带是私人别业集聚之区，至清代大部分改为宫苑；以后高粱河水系的积水潭、后海一带，私人宅园逐渐增多。城内宅园缺乏水源，一般仅挖小池，以所得土方堆土山，常模拟大山的余脉或小丘。叠石亦多为小品，偶得奇石、则独立特置，以供欣赏。

明代宅园风格继承了唐宋写意山水园的传统，着重于运用水景和古树、花木来创造素雅而富于野趣的意境，因景而设置园林建筑，并巧于借景。清代乾隆（1736～1795）年间以后，宅园中建筑增多，趋于烦琐富丽，与明代风格迥然不同。

恭王府

中国清代规模最大、现今北京保存最完整的一座绝版王府。建于1780～1789年。位于北京市西城区柳荫街甲14号，占地面积约6.112万平方米。恭王府位于北京市什刹海南岸，曾先后是清代乾隆皇帝宠臣和珅的豪宅、嘉庆皇帝胞弟庆亲王永璘的华邸、咸丰皇帝胞弟恭亲王奕䜣的居府，恭王府由此得名，并沿用至今。恭王府历经了清王朝由鼎盛至衰亡的历史进程，故有"一座恭王府，半部清代史"的说法。1988年对外开放。恭王府由府邸和花园两部分组成，前府后园。南北长约330米，东西宽180余米，其中府邸占地3.226万平方米，花园占地2.886万平方米。

恭王府占据京城绝佳的位置。"月牙河绕宅如龙蟠，西山远望如虎踞"，据风水学说，北京有两条龙脉，一是土龙，即故宫的龙脉；二是水龙，指后海和北海一线，而恭王府正好在后海和北海之间的连接线上，是金不换的宝地。

◆ 府邸

府邸建筑分东、中、西三路，每路由南而北都由中轴线贯穿着的多进四合院落组成。

中路最主要的建筑是银安殿和嘉乐堂，殿堂屋顶采用绿琉璃瓦，显示了中路的

银安殿

威严气派，是举办仪式的地方。东路的前院正房名为多福轩，厅前有一架生长 200 多年的藤萝，至今仍长势良好，在京城极为罕见。东路的后进院落正房名为乐道堂，是当年恭亲王奕䜣的起居处。西路的四合院落较为小巧精致，主体建筑为葆光室和锡晋斋。精品之作当属锡晋斋，大厅内有雕饰精美的楠木隔段，为和珅仿紫禁城宁寿宫式样（此为和珅僭侈逾制，是其被赐死的"二十大罪状"之一）所建。中路和东路构成一个体系，规格高于西路，是因为当年和珅的儿子丰绅殷德迎娶了固伦和孝公主，按照以东为尊的习俗，一直住在东路。和珅尽管是名义上的户主，但爵位和身份低于儿媳，可以奢华但无法高贵，只能屈尊住在西路。府邸最深处横有一座两层的后罩楼，正面共有 43 个开间，长 152 米。

◆ 花园

花园名为朗润园，建于清同治（1862～1874）年间。花园在和珅时期就有了环形水道的基本格局，恭亲王奕䜣进驻后，对花园重新设计改造，与府邸相呼应，名为朗润园。后奕䜣后人溥儒居住在花园中，改名萃锦园，俗称恭王府花园。花园也分为东、中、西三路。中路以一座西洋建筑风格的汉白玉拱形石门为入口，以康熙皇帝（1662～1722 年在位）御书"福"字碑为中心，前有独乐峰、蝠池，后

恭王府花园

有绿天小隐、蝠厅，布局令人回味无穷；东路有大戏楼，厅内装饰缠枝藤萝，紫花盛开，使人恍如在藤萝架下观戏；南端的明道斋与曲径通幽、垂青樾、吟香醉月、流杯亭等五景构成园中之园；西路则一池碧水，名福海，禽戏鱼跃，如一幅天然图画。

全园以山水为骨架，"山"字形假山拱抱，东、南、西面均堆土累石为山，中路又以房山石堆砌洞壑，手法颇高。山顶平台为全园最高点，居高临下，可观全园景色。古人以水为财，在花园内"处处见水"，最大的水面是福海。花园内古木参天，怪石林立，环山衔水，亭台楼榭，廊回路转，步移景异，千变万化，境界高远，别有一番洞天，彰显了清代造园的文化底蕴和高超技艺，堪称中国山水文人园林之杰作。正门的门额石刻"静含太古""秀挹恒春"的"静"与"秀"是花园点题之笔。汉白玉西洋式拱门正门，假山洞中的康熙皇帝御笔"福"字碑，大戏楼和满园满府中的"福"字，被誉为恭王府的"三绝一宝"。

恭王府优越的环境，院中有院、园中有园、景中有景的特色和其曾经主人的特殊身份，奠定了它在北京诸多文物古迹和公园城市中的特殊地位，是中国乃至世界宝贵的文化遗产。

摄政王府

中国清朝监国摄政王载沣在皇家禁地修建的王府。位于北京市西城区中南海西北角，府右街以东，文津街以南。中国清末摄政王府所在地带在当时为皇家苑囿禁地，监国摄政王、宣统帝溥仪的生父载沣是清朝获准在皇家禁地建王府的第二人。溥仪居住在醇亲王北府，位于仅与什刹海一墙之隔的后海北沿。摄政王府未完工时，醇亲王载沣一直居住在醇亲王府。因此，宣统（1909～1911）年间，北府也称为摄政王府。宣统元年开始修建摄政王府。1911年清朝覆灭时，王府接近竣工。袁世凯任大总统期间，将国务院设立在摄政王府。后北洋政府的国务院、北平市政府设在此处。中华人民共和国成立后，这里又作为党中央国务院办公所在地使用。现仅存正门、正殿和周恩来总理曾居住过的西花园内的西花厅。

摄政王府成为清朝乃至中国历史上封建王朝兴建王府的终结之作，为研究清王府历史及其建筑价值与演进、北京皇家园林建筑发展史提供了重要的实物研究资料，充实并丰富了相关研究的视角和方向，间接反映出清封建王朝的社会历史背景、造园设计思想及人文内涵。

摄政王府严格按照清廷王府等级及规制建造，其建筑形制、规模仿照醇亲王北府，建筑材料精细，工程施工讲究，规模宏大气派，极其豪华富丽。住宅区与花园区组合在一起，构成极具代表性的等级高贵的王府府邸"左宅右园"的布局。府邸坐北朝南，分为中、东、西三路，西路又分为西一路和西二路。中路为王府的中心，设有宫门五间，门前有一对象征皇家威严的石狮子。正殿为银安殿，大殿五间，殿前有月台和抱厦，东西翼楼各五间。选用黄花梨等名贵硬木作为内檐装修的木料，并且安装了当时罕见的电灯。正殿后面有内寝门三间，寝殿五间。殿后有罩楼九间，楼后有垂花门，内设思谦堂。东、西一路门前有对称的"八"字影壁墙，东路建有膳房、成衣房和杂役等的日常起居处，再往东是王府马圈。西路建有一片住宅，最里面院落的正房建筑形式独特，为两个卷棚式建筑勾连在一起，中华人民共和国成立后，这里曾作为国务院的会议厅，很长一段时间内周总理在此主持召开会议。西花园为一座筑有假山、置石、水池、游廊、亭台楼阁、奇花异卉的王府花园。

北京可园

中国清代私家园林，晚清北京私家园林的代表。位于北京市东城区地安门外帽儿胡同9号。建成于清咸丰十一年（1861）。

可园园名取自"极可人意"，是光绪（1875～1908）年间大学士文煜斥巨资兴建的宅第花园。9号、11号门前立有一块名为"清代光绪年间大学士文煜的私家园林"的刻石。2001年被列为全国重点文物保护单位。

据史料记载，文煜去世后，可园几经"易主"。冯国璋任中华民国代理总统期间，从文煜后人手中买下可园，冯死后，其亲属继续在此居住。1922～1929年，冯的后人将可园的部分宅院出租给宋代理学家朱熹的世孙朱文钧一家。中华人民共和国成立前，收藏家、书画家、诗词学家和京剧研究家张伯驹也在此租住过。此外，书法家龚树勋、冯玉祥部下张岚峰及其妻也在此居住过。中华人民共和国成立后，可园曾是朝鲜驻华大使馆所在地。1950年7月，中央重工业部接收了可园的大部分宅院，作为办公单位及其宿舍使用。

建筑平面呈不规则的长方形，面积仅有近3000平方米，全园分为东、中、西三路，东路和中路以花园为主，西路以建筑居多，且保存状况良好。布局为规整的四进四合院建筑，在北京私家园林中极为少见，全园仿照苏州拙政园和狮子林而建，山石掩映，水榭、水池点缀其中。风格疏朗通幽，景致紧凑精巧，亭、台、楼、阁、桥一应俱全，尽显文人私家园林的意境美。每进院落都建有正房、配房、耳房和游廊，此外，还配有垂花门、倒座房、后罩房等建筑，布局完整严谨，既各自相对独立，又紧凑联系。西路建筑有部分延伸至中路花园内，使园林空间呈现出由南北方向向东西方向的巧妙转换。园中假山、置石、植物、铺地、游廊营造出曲径通幽、芳草铺茵的意境。置石丰富，剑石、日晷、刻石等应有尽有，关于可园志和碑文的记载嵌刻在一组剑石的石座之下，堪称全园的点睛之笔。全园独特景致之一即园内的制高点，为二进四合院东侧置于太湖石上的爬山廊，廊中建有一座敞轩。建筑色彩明快，檐下的倒挂楣子采用木雕形式，纹饰题材以松、竹、梅、葫芦等居多，象征吉祥福禄的美好寓意。亭子与住宅均绘制有苏式彩画，具有深厚文化内涵的楹联置于正房之中。

可园是北京保存较好的数量不多的小型宅第花园之一，造园构思精妙，造园风格仿造江南园林，园林建筑却由北京常见的完整的四合院建筑组成，属于南北方园林造园精粹合璧之作，是北方私家园林的代表，为研究北京私家园林的历史发展提供了典型的实物资料，有一定的历史价值和艺术价值。

半亩园

中国清代兵部尚书贾汉复的宅第花园。位于北京市东城区亮果厂胡同6号。

半亩园大约营建于清顺治（1644～1661）年间，约1650年，园名突出园子小，园主人贾汉复在此居住多年。据清麟庆所著《鸿雪因缘图记》（以下简称《鸿》）一文中记载："半亩园，……李笠翁客贾幕时，为葺斯园，垒石成山，引水作沼，平台曲室，奥如旷如。"又见《鸿》中记载："半亩园以石胜，缘出李笠翁手。"《天咫偶闻》一文中也有这样的描述："完颜氏半亩园，……国初为李笠翁所创。"从这些文献记载中可知，半亩园是贾汉复的宅第花园，由李笠翁设计。李笠翁（1611～1680），又名李渔，号笠翁，浙江兰溪人，25岁及第秀才，清初戏剧家和园林建筑家，在园林建筑、叠石及植物花卉方面颇有造诣，著有《笠翁偶集》。

金完颜氏后裔、江南河道总督麟庆心仪半亩园三十载，到清道光二十一年（1841），终于购得半亩园，并在原有基础上进行扩建，增加建筑数量、丰富室内陈设。道光二十三年（1843），半亩园修葺完成。

据汪菊渊先生等在《北京清代宅园初探》一文中记载："1921年时，曾为郭筱麓所有，陈设已虚，亭池尚存，进行修葺后作宴客之所，后逐渐颓废。"直到中华人民共和国成立前，多次易主。中华人民共和国成立后，供单位办公和宿舍使用至今。1982年，半亩园大部分建筑被拆除，只保留住宅部分的四合院，一代名园从此消失。

半亩园的建筑形式多样化，以灵活、精妙多变的建筑风格取胜，仿造皇家建筑"左宫右苑"的布局，造园技法富于创造，不拘一格，运用对景、点景、借景、框景、障景、夹景等多种造园手法，丰富园林空间层次感，其中，"巧于因借"的借景之妙堪称北方私家园林的典范。

根据《鸿》一文中关于"半亩营园"的记载："正堂名曰云荫，其旁轩曰拜石、廊曰曝画、阁曰近光、斋曰退思、亭曰赏春、室曰凝香。此外有娜嬛妙境、海棠吟社、玲珑池馆、潇湘小影、云容石态、蜀秀山房诸额。"由此可知，半亩园的建筑主要有十三座，分别是云荫堂、拜石轩、曝画廊、近光阁、退思斋、赏春亭、凝香室、娜嬛妙境、海棠吟社、玲珑池馆、潇湘小影、云容石态、蜀秀山房。云荫堂是正堂，半亩园的主要建筑，呈凸字形。拜石轩位于云荫堂的东侧，为三间卷棚硬山式建筑。半亩园分两部分，住宅区和园区相连于一起，兼有"宅"和"园"的双重功能，构成"左宅右园"的布局，这种布局设计是典型的等级高贵的北方私家园林的布局。建筑风格富于多变，悬山、硬山、歇山、悬山抱厦等，住宅以北京典型的四合院格局为主要形式，融合园林造园要素，由正房、配房、耳房、垂花门、抄手廊、倒座和后罩房组成。亭、台、楼、阁、桥、水榭、叠石假山、珍稀植物、奇珍异藏，应有尽有，点缀其中，别有意趣，造园构思独具一格。

万柳堂

元代（1271～1368）维吾尔族名臣廉希宪修建的一处临水的私家园林。位于北京市海淀区玉渊潭湖畔。

从自然地理角度而言，玉渊潭是永定河故道上遗留下来的一泓碧水，是古永定河之金沟河故道的水体遗存，也是金代引卢沟接济漕运的金口河的经行之地，地域内水系纵横，自然风光优美。从园林角度看，廉希宪的万柳堂作为元初文人聚集的重要场所,不仅在园林发展史上拥有重要的地位,更对后世园林的发展产生了极为深远的影响。

元代的私家园林主要是继承和发展唐宋以来的文人园形式,但详尽文字描述记载较少,其风采只能从元代绘画、诗文等与园林风景有关的艺术作品中得窥一二。现存于台北故宫博物院赵孟𫖯所绘的《元赵孟𫖯万柳堂图轴》是一幅在中国园林史上有极高历史文物价值的传世佳作,图中所绘建筑体量恢宏,依地势而建,错落有致,屋面灰瓦卷棚顶,装修简洁,不施彩画,四周绿柳成行、花团锦簇。这种充分与自然相融合、淡雅精深的设计是元代私家园林的典型风格。画中描摹的诗会雅集、彼此唱和真实地体现了元初私家园林典雅而富有文化气息的一面。这幅画所展示的场景是对《南村辍耕录》中万柳堂宴饮文字描写的生动再现,也使得元代私家园林不再是抽象的文字描述而变得生动、立体和鲜活。这幅佳作的存世不仅成为后世造园家学习借鉴的珍贵摹本,更成为今人研究元代私家园林及元初社会文化极为难得的重要史料。这也愈加凸显出万柳堂在中国园林发展过程中重要的历史地位和历史价值。

更重要的是,蒙古人作为北方的游牧民族入主中原,建立政权,形成了胡汉混合的二元体制,这种体制的剧烈变化不仅蒙元统治者要适应,中原汉民族同样需要适应,而报国无门的现实及对汉文化可能被野蛮断绝的恐惧让广大的汉族士子终日惶恐和愁苦。这时候就需要一个宽松环境来使得双方加深了解,求同存异。正是在以万柳堂为代表的雅集活动所创造的宽松环境中,汉族士人的愁苦得到疏解,建功立业的愿望得以实现，对不同民族文化的好奇得到了满足。蒙元统治者的执政理念也不断受到潜移默化的影响，逐渐摒弃了野蛮走向文明。

作为少数民族畏兀氏（今维吾尔）杰出的政治家，廉希宪顺应时事，一生都在尊崇儒学和优遇儒士，倡导国家统一和民族融合。万柳堂作为体现其人文思想的舞台也成为元初多民族文化融合的一个重要的历史符号，被深深地印刻在中华民族大团结的历史丰碑上。如果说香山昭庙等建筑是统治者为了民族统一、民族团结所修建的建筑，那么万柳堂则是来自民间的代表，代表着官宦士人阶层对民族统一和民族团结的努力践行。

勺　园

中国明代文人米万钟的私家园林，为"米氏三园"中最负盛名者。位于北京市海淀区北部，现北京大学校园南侧区域，仅存部分遗址。又称集贤院。

勺园建于明万历（1573～1620）年间，园名取自"海淀一勺"。《长安客话》中这样描述勺园："勺园林水纡环，虚明敞豁。游者或醉香以孽荷，或取荫以憩竹，或啸松坨，或弄鱼舠，或盟鸥订鹤，或品石看云……"勺园不仅是当时京师的游览地，还最受米氏钟爱，米氏曾根据勺园的景致制成"米家灯"。勺园废于战乱。据清初王崇简《米友石先生诗序言》中所记，当时的勺园"残陇荒坡，烟横草蔓""枯塘颓径，蛇盘狸穴"。清康熙（1662～1722）年间，在勺园旧址上兴建弘雅园，园主人为郑亲王。《宸垣识略》记："洪（弘）雅园，即明米万钟勺园，今为郑亲王邸第。"嘉庆（1796～1820）年间，勺园又更名为集贤院，供六部官员居住之用。咸丰十年（1860），英法联军焚毁集贤院。宣统（1909～1911）年间，勺园被赐予贝子溥伦。1925年，废园被燕京大学购入，作为校园的一部分保存至今。

勺园是唯一一座可以深入研究的明代北京私家园林，现存大量宝贵的文献、图像资料，为明代北京私家园林乃至北方私家园林研究提供了典型的实物资料，备受学术界关注，关于勺园的研究成果也颇多。

勺园建于有良好的水景资源、地理环境优越之地，其平面布局近似方形，由东西内外两园组成，西园为主园，东园为外园。全园仿照江南园林的造园风格，精巧雅致，以大面积水景取胜，有别于一般的北京私家园林，而且水色富于变化，水光珍石，具有江南山水园林特点的奇花异卉加以映衬。全园多处以桥、堤划分各景区，互相呼应，呈现递进式园林空间，层次感丰富，曲折通幽。建筑多隔水相望，整体格局曲折繁复，造型素雅，以堂、楼、亭、榭、舫等模仿江南园林风格的建筑居多。船形建筑是园中一大建筑特色：勺海堂是勺园的主要建筑之一，为硬山式、临水而建的船形建筑，与后堂隔水相望；定舫与水榭、蒸云楼临水对望，是位于主园大门内的外形似桥又似船的临水建筑，故得名"定舫"。园主人米氏酷爱赏石、藏石，据《水曹清暇录》《米友石先生诗序言》《勺园修禊图》等文献、画作及颂咏勺园的诗词中可知，勺海堂堂前的平台上有一座大型湖石，造型秀美，园中掇山叠石，姿态玲珑清秀，品种珍奇，变化叠加，令人目眩。

清华园

中国明代私家园林。位于北京市海淀区西北方向。又称李园、李皇亲园、李戚畹园、李戚畹别业等。

清华园始建于明万历五年（1577），鼎盛于万历十年（1582），明末清初毁于战乱，园主人为第二代武清候李文全。清华园是"三山五园"之一畅春园的前身，曾有"京师第一名园"的美誉。最早对清华园记载的文献见于明万历蒋一葵所著的《长安客话》："面阳有贵人别业在焉，都人称李皇亲庄，木土甚盛。"后有沈德符在《万历野获编》一文中这样描述："海淀……有戚畹李武清新构亭馆，大数百亩，穿池叠山所费已巨万，尚属经始耳。"

清华园是一座特大规模的以水景作为造园精髓的私家花园，豪华富丽，造园技艺巧夺天工，极尽奢华之气，时有"李园壮丽"之说。虽然损毁于战乱之中，但布局较为完整，建筑遗留下来的较多。因其规模和布局适应皇家园林建造的需求，离宫别苑畅春园选择在清华园废址上改建而成，清华园由此成为第一座"避喧听政"皇家园林畅春园的前身。作为明代私家园林的代表，清华园在造园技艺和造园风格上形成了独具一格的特色，对清皇家园林的发展产生了一定的影响。

根据《钦定日下旧闻考》《帝京景物略》《明月轩日记》等文献的记载可知，清华园"方十里"，占地面积约 800000 平方米，以水为主题，水面占据全园的大部分面积，山水结合，山石奇巧，置石名贵。建筑形式多样化，有厅、堂、楼、台、亭、阁、榭、廊、桥等，各种彩绘、雕饰金碧辉煌。袁中道在《海淀李戚畹园》中这样描述："雁翎桧覆虎纹墙，夹道雕栏织画梁。"全园以岛、堤分隔为前湖、后湖两大部分，两湖正中间以主要建筑群把海堂为全园的布局中心，南北纵深为中轴线排列，北侧建有清雅亭，悬挂"清雅"匾额，与把海堂构成对景，以丰富景致。后湖中心有一岛，相连于南岸架飞桥，岛上建有一景亭，名聚花亭。后湖北岸有人工堆叠的仿造自然山石的假山，山体气势磅礴、重峦叠嶂，造型奇巧、高大，山石种类多为名贵的灵璧石、太湖石等。北岸还有一处高楼建筑——水际楼阁，是全园中轴线建筑布局的结束，与远处的香山、玉泉山形成借景景致。

清康熙二十三年（1684），康熙皇帝在清华园废址上仿照江南山水形态修建畅春园。畅春园的山水布局和叠石造型均保留清华园原貌。清咸丰十年（1860），英法联军将圆明园和畅春园一并烧毁。

陕西私家名园

辋川别业

中国自然山水园。位于陕西省蓝田县西南 20 千米，今已无存。旧称蓝田山庄、蓝田别墅，又称辋川别墅。

辋川别业位于终南山麓，辋川之畔，山岭环抱，溪谷辐辏有如车轮，故名辋川。原为唐诗人宋之问（656～712）的蓝田山庄（一名"蓝田别墅"），后被唐诗人、书画家王维购得，营建成山庄。

辋川别业在辋谷内。辋谷是一条狭长的峡谷，长约 104 米（清吕懋勋等撰《蓝田县志》作三十华里），西北—东南走向，东西两侧是连绵的群山。

辋川岗岭起伏，纵谷交错，有泉瀑溪湖，草木繁盛，王维充分利用此湖光山色之胜，构筑茅屋轩馆，赋诗点景，有"文杏裁为梁，香茅结为宇"的"文杏馆"，有"结实红且绿，复如花更开"的"茱萸沂"，有"飞鸟去不穷，连山复秋色"的山景，有"明流纤且直，绿筱密复深"的溪径，还有"木兰紫""宫槐陌""辛夷坞"等佳景，使其成为既有山野之趣、又有诗情画意的园林胜境。

辋川别业山庄建在孟城坳古城之下，入坳为松林披覆的华子岗，向前是园内的主体建筑文杏馆，以文杏木为梁、香茅草作顶。出馆沿辋川山路可通往竹林丛密的斤竹岭，经鹿柴和木兰柴到茱萸花繁茂的沼泽地茱萸沂，通往园内大湖欹湖的山道上有遍植宫槐的宫槐陌。欹湖岸有临湖亭，湖南北建停船码头名南坨、北坨，湖岸柳树成浪。此外，还有栾家濑、金屑泉、白石滩、里馆、辛夷坞、漆园、椒园等景区和景点，《辋川集序》列名的胜景有 20 处。总体上以天然风景取胜，局部的园林化则偏重于各种树木花卉的大片成林或丛植成景。建筑物不多，形象朴素，布局疏朗。王维长于绘事，园林造景尤重画意。

辋川别业是中国在明清之前唯一既有图画、又有诗歌和史书记载，彼此可以相互印证的园林实例。但有学者通过现场求证研究，发现唐代《辋川图》和《辋川诗》中的许多景点都不在唐代诗人王维的辋川别业的范围内，中国园林史学界将《辋川图》和《辋川诗》中的景点作为一个整体来证明辋川别业是园林的证据不能成立。另有学者经过研究，认为王维的辋川别业，不应该是一个规模很大的庄园，《云仙杂记》的记载有误。

辋川别业幽深清远、超尘脱俗的审美情趣对中国山水诗画、园林艺术、饮食烹饪的发展曾起过重大的影响。这主要是因为中国有重文、重人品伦理、崇尚自然的传统，以及中国文人内心深处的"桃源"情结。在后代文人心目中，辋川别业不再只是一个具体的、没有生命的园林，而是一个承载了中国文人审美理想、人格理想、社会理想的"乌托邦"。

李靖宅园

渭北地区保存较为完好的古园林建筑。位于陕西省西安市三原县城北东里堡村西。旧称李氏园、半耕园、靖国公园，又称东里花园、唐园。

清康熙元年（1662），黄州知府李彦瑁在李靖故居唐园残迹上重新修复，初名李氏园，因而建筑多为仿唐格式，故又名唐园。后辗转归于东里堡刘氏，刘氏后裔刘季昭又重新修葺，取名"半耕园"。清陕西督学吴大澂题额"半耕园"，勒石嵌于园门。1917 年此园被售于靖国军，为靖国军官邸，遂更名为"靖国公园"。1930 年杨虎城将军主陕，曾拨款维修。西安事变前夕，周恩来等中共领导曾来此园与杨虎城将军共商国是。

李靖宅园总面积为 17930 平方米。南北长 163 米，东西宽 110 米。现存的建筑有读书堂、转角楼、挂云楼、望月楼、妙香亭等。并设置有小巧玲珑的假山、鱼池及仿长安八景的缩型景观。茂林修竹、小桥流水，颇有江南园林风格。园内古藤抱杨一景，特具妙趣，为关中一绝。

中华人民共和国成立前，此园即为东里小学所在地，中华人民共和国成立后，1982 年被公布为县级文物保护单位。1985 年，县人民政府决定迁走东里小学。1986 年，省文化文物厅拨款 10 万元，对主体建筑换顶维修并开辟文物展室，成立李靖故居文管所，接待四方游人。

除故居宅第外尚有池园三所，即北园、南园、西园，三园相互通连。到 1989 年时只存南园，其他已改作民宅庄基。

唐朝诗人张籍（约 767～约 830 年）到过此园并写有《三原李氏园宴集》五言诗一首，记载了当时李靖池园的情景。诗中所描写的泾水泉、嵯峨山今日犹可见到。宅第与三园相连的情景，也很符合现今的东里堡村与唐园地址的实况。

1918 年唐园移主至陕西靖国军，于右任曾留有七律诗一首："南园急雨北园晴，载酒西园月又明。"

1936 年，刘文超写有《东里半耕园记》一文传世。其中载：关中三原东北八里许，有堡曰东里，余故乡也，城壁巍峨，楼阁峥嵘。虽曰乡村，气象至伟，西望嵯峨，苍翠欲滴，北拥陵阜，蜿蜒如屏，清浊环绕，筑梁穿城，田畴丰腴，林木葱茂。自然之美备矣。……读书堂前建广厦，长凳，石几，可资坐卧，花缸罗列，异样翻新，堂后有高楼，登楼远望，山色青翠，烟树速离，白杨数十林，不只十余圆，依园而立，高耸入云。……堂之正南为牡丹丛，春日花开，灿烂夺目，圃南为古筑鱼池，池水引自园北之五柒，清澈见底，中蓄五色鱼无数。……池南有玉兰，树身约一圈，花时蓬勃如盖，倒映池中。……绕池向南，穿花墙出月宫门，为菊圃。……过亭下级，竹林蔚翠，风动叶鸣。……绕曲径长廊，过回文亭，粉墙屏立。……竹林尽处，为荷花池，曲折而北，池南石舟。……登挂云楼，藤萝盘绕，四面绿云。……沿荷池，葡萄为架，梅树为林，夏日荷发，冬日梅放。……复斜行而东南，拾级登假山，高可四五寻，山顶有茅亭，小坐纵目，景物尽在眼中。曲折入石洞，蛇行数十步，别有洞天。……出洞，复至鱼池西岸，有曲水，仿曲江流饮遗致。

1937年，杨虎城将军又曾于此园召开过会议。当时园内面积为32000平方米，园内尚有读书馆、转角楼、挂云楼、妙香亭、益清阁、假山、水池、鱼池、莲花池、石舫以及关中八景缩景等景物。

关中八景缩景之一华岳仙掌

1988年，全园面积为南北长165米，东西宽120米，共计19800平方米，园内北部有读书堂，是一组宽窄四合院相结合的关中地区风格的中庭式建筑，总建筑面积为500平方米，经翻修保存完好。园北围墙外尚保存3株古杨，枝叶繁茂。园东南妙香亭南有古藤爬杨，似龙蛇盘踞，堪称关中植物奇景。读书堂西侧有土载青石假山一座，山南为水池、平台、石舫，遗址犹在。山上2株古藤仍生长良好。园西北侧有二层木构楼阁。

河南私家名园

张伦宅园

中国北魏洛阳私家园林中园林艺术的优秀代表。位于河南省洛阳市偃师区义井铺村。系司农（掌管朝中银钱财粮的官职）张伦利用前人废园所造，后因北魏王朝的灭亡而衰败。

宅园以精美著称，重在咫尺山林，突出自然的山岩林泉。其山由洛阳城南的万安山、龙门山之石按章法叠置。山石"崩剥之势似千年"，有重岩、复岭、丘壑、洞涧、绝壁、悬石。崎岖的石路，似不通而又通。其理水因地制宜，无大和池沼水面，而是"深溪洞壑""泉水纤徐"，流水淙淙，其建筑则"庭起半丘半壑"，得体于自然。山石的"危与曲栋相连"，有山廊高下曲折。园中各色鸟禽，高树鸣翠，处处"烟花露草""玉叶金茎"。北魏杨衒之在《洛阳伽蓝记》中评述该第宅园林"最为豪侈"，天水人姜质也曾作《庭山赋》以咏之。

张伦宅园的造园艺术突破了汉代私园大幅度排比铺陈的单纯写实模拟方法，已过渡到写意与写实相结合的手法，这是造园艺术创作方法的一个飞跃。《庭山赋》中有"庭起半丘半壑，听以目达心想，……下天津之高雾，纳沧海之远烟。纤列之状如一古，崩剥之势似千年。若乃绝岭悬坡，蹭蹬蹉跎。泉水纤徐如浪峭，山石高下复危多。五寻百拔，十步千过。则知巫山弗及，未审蓬莱如何"的描述，可见该园初现写意与写实相结合的手法端倪。

金谷园

西晋大官僚石崇所筑私家庄园，中国第一个见于史籍的庄园型别墅园林。位于河南省洛阳市孟津区送庄乡凤凰台村东南、邙山南麓的袋形浅谷中。又称河阳别业、梓泽。

金谷园由西晋大官僚石崇（249～300）于五十岁时辞官所筑，意在年老退官之后，作为吟咏山林和安享晚年之所，遗址大致位于汉魏洛阳故城西北。他曾在此与当时的文学家潘岳、陆机、左思、陆云、刘琨等人结为二十四友，终日游吟于园中，留下了许多有名的金谷诗篇。后因西晋灭亡、洛阳衰败而逐渐衰落，唐时园已荒废，成为供人凭吊的古迹。

金谷园北依邙山，俯瞰伊洛大川，远望东南嵩山太室、少室二峰，西南可望伊阙龙门，正南远眺风景秀丽的万安山。

金谷园方圆几十里，规模宏大，景色优美，游宴需三日而毕。园居濒临河谷，拥有自然的林泉丘壑，数百间房屋，"画阁朱楼尽相望，红桃绿柳垂檐向"。厅堂亭台，万绿掩映，金水萦绕，楼台穿错。金谷水涧里有堰坝河堤，有池沼游船、河岸柳荫、矶石钓台，绿化栽植，移步异景。山上翠柏苍郁，庭前沙棠扶疏；后园乌桦，宅旁石榴；堤畔则奇花溢彩，曲柳婀娜。潘岳《金谷诗》中曾歌咏："回溪萦曲阻，峻阪路威夷。绿池泛淡淡，青柳何依依。滥泉龙鳞澜，激波连珠挥。前庭树沙棠，后园植乌桦。灵囿繁石榴，茂林列芳梨。饮至临华沼，迁坐登隆坻。"

金谷园是一座临河的、地形略有起伏的将人工山水与自然融于一体的天然水景园，是中国园林史上第一个封建官僚的庄园型别墅园林。在文学史上，留下了晋代文学家潘岳、陆机、左思等金谷二十四友的金谷诗篇，是魏晋一代封建官僚敛财成癖、奢侈无度、竞雄斗富又放浪不羁、旷达野驰，最后亡于奢华、死于党争，造成千古遗恨的时代缩影和历史载体。

履道坊宅园

唐朝诗人白居易的私家宅院。位于河南省洛阳市狮子桥村东。长庆四年（824），白居易自杭州刺史任上回到洛阳，由田氏手里买得故散骑常侍杨凭的履道坊宅园，稍加修葺改造。至北宋时期宅园一分为二，分别是大字寺园和张氏会隐园。到元朝时，宅园已不见踪迹。

履道坊宅园的位置，据《池上篇并序》云："都城风土水木之胜，在东南偏。东南之胜，在履道里。里之胜在西北隅。西闿北垣第一第，即白氏叟乐天退老之地。"由此知，宅园位于东都洛阳洛河南岸的东南隅履道坊之西北角，园北、西墙临里巷，大致在今洛龙区狮子桥村东。

宅园的空间划分与使用功能紧密结合，相得益彰。主要分为宅院、南园、西园三大部分。宅门向西临坊里巷，西巷有伊渠从南往北，又往东流去。园内水由西墙下引入，在园内周围绕流，由东北隅流出入伊渠。南面是园，有水池，第宅在东北，第宅西是西园。据《池上篇并序》载，园和宅共占地 17 亩，其中"屋室三之一，水五之一，竹九之一，而岛树桥道间之"，又云"十亩之宅，五亩之园，有水一池，有竹千竿"。"屋室"包括住宅和游憩建筑，"水"指水池和水渠，水池面积很大，为园林的主体，池中有三个岛屿，其间架设拱桥和平桥相联系。后又进行一些增减，"虽有台，无粟不能守也"，乃在水池的东面建粟廪；"虽有子弟，无书不能训也"，乃在池的北面建书库；"虽有宾朋，无琴酒不能娱也"，乃在池的西侧建琴亭，亭内置石樽。

履道坊宅园是唐代具有独特艺术特质的自然山水园林，园内处处有水，水系有聚有分、颇具匠心。园内的大乔木，榆、槐等种植在府第庭院内，特别是槐亭院，夏日浓荫，绿叶婆娑；冬季又高枝扶疏，能使庭院内阳光明媚，与生活需求的季节功能要求吻合。春季园内有牡丹、芍药、桃杏，万紫千红，夏日池中荷花映日，秋季黄菊绕篱，形成了三季有花、四季常青的园林景象。池中岛屿构成了园池的主要组景，形成了小中见大的自然风景效果。宅园的府第建筑，集中于园区的东北隅，得体于景观环境，相地而立。园中的太湖石、青方石等置于岸边、庭中、窗下、岛上和渠岸，与水相映，与花木相配，与建筑相伴，与竹相随，构成一种赏石的环境和意境。

白居易是唐代现实主义诗人，同时也是卓有成就的造园学家。他的园林及美学理论和园林实践活动，对中国以及对东瀛日本后来的园林艺术发展都产生了深远影响。履道坊宅园是他园林美学思想达到高峰时，经营的一个功能完善、艺术境界完美的城市第宅园林。

富郑公园

中国北宋大臣富弼（1004～1083）致仕休养的宅园。位于河南省洛南市安乐窝东二里许。熙宁二年（1069），富弼因与王安石新法异议罢相，四年，回京养疾，五年致仕，封韩国公。致仕后，居洛于道德坊经营富郑公园。后宅园因金兵入侵洛阳而衰败。

富郑公园景色优美，为洛阳少数几处不利用旧址而在北宋时期新建的私家园林，故有云："洛阳园池多因隋、唐之旧，独富郑公园最为近辟而景物最胜。"全园大致分为北、南两个区。北区包括具有四个山洞的土山及其北的竹林，周边建四景堂和山洞，另有丛玉亭、披风亭、漪岚亭、夹竹亭、兼山亭分布。南区包括大水池、池东的平地和池南的土山，水池居中，由东北方的小渠引来园外活水，池中有通津桥，周边布置游赏建筑方流亭、探春亭、紫筠亭、荫樾亭、重波轩、赏幽台等。北区幽静，南区开朗。

宅园中山、水、花木、建筑皆好，尤以竹多，而竹中穿越"四洞"为奇。整个园子以景分区，层次多变，幽、奥兼得。后世以此园为儒臣名园之典范，如清代文人王源曾将康熙（1662～1722）年间大学士王熙的北京怡园与此园相提并论，在《居业堂文集》中载："昔富郑公为园，目营心匠，爽闿深密，曲有奥思。公亦自所结构。盖公立身廊庙，栖志岩壑，故能静以御物，量广而识明，遇事凝然，一言而群疑悉定。"

归仁园

中国唐时宰相牛僧儒所建，洛阳城（今河南洛阳）最大的私家园林。位于河南省洛阳市洛南杨村南。今已无存。

《河南志》载归仁坊，"泰山庙，唐乾宁元年建。香邻禅院，历天福五年，故相卢文纪买园地建，汉乾祐二年赐名。殿壁道士焦知雄画罗汉，世称奇笔。归仁亭，见会节坊张全义宅注中。观文殿学士丁度园，本唐相牛僧孺归仁园。池石仅存，此才得其半。进过园，后唐明宗时民杨行己献之，俗以进过为名"。

此园以大著称，是洛阳城最大的一座私家园林。唐属牛僧儒时"园尽此一坊"，考古发掘其坊长宽各500多米，合375亩（25公顷），宋时仍保持规模宏大之特点。园中绿化好，院内"牡丹、芍药千株"

"竹千亩""桃李弥望"，还有唐代保留下来的七里桧一株。园中有很大的湖面，是洛城之冠，清渠环绕周流，水口砌石，形成小瀑布，有巴峡之感，有滩石，似江南园林，在当时洛阳城中有"大园池，而此为冠"之说。

李氏仁丰园

中国北宋时期李候致仕退居后建的休憩园。位于河南省洛阳市洛南东白碛与北王村之间。《洛阳名园记》有"李氏仁丰园"，言其花木极好。苏辙《洛阳李氏园池》所言："李候园，洛阳之所一、二数者也。"其景物特色"花木有至千种者"，可见以植物种类多而取胜。李氏仁丰园反映了当时园艺技术的发展和洛阳仕宦对园林的精心经营。其花木有地方品种，如桃、李、梅、杏、莲、菊各数十种，牡丹、芍药至百余种。而由亚热带引来之"紫兰琼花、山茶之俦号为难植，独植之洛阳，辄与其土产无异"。园主置"四并、迎翠、濯缨、观德、超然"五亭，做四时赏花的休憩场所。

独乐园

中国北宋（960～1127）时期政治家、史学家、散文家司马光修建的私家园林。位于河南省洛阳市。占地面积约20亩，包括宅居。今已无存。

明嘉靖《河南郡志》载："独乐园在洛阳城南天门街东，去城五里。"清嘉庆《洛阳县志》载："独乐园遗址在洛阳城东南伊洛河间司马街村。"该村清《重修关帝庙并金妆神像碑记》："今洛阳城东南常安村（即司马街），乃司马温公独乐园故址也。"《洛阳名园记》中所说："在尊贤坊北关。"村人传说：古时村南有"尊贤坊"石牌坊，以此印证。1935年出版之李健人《洛阳古今谈》，亦云独乐园故址在此。明时毕亨曾于遗址上筑园，称毕中丞园。

◆ 建园历史

园主司马光（1019～1086），字君实，号迂叟，世称涑水先生，山西夏县涑水乡人，仁宗时进士，英宗时龙图阁直学士。王安石实行新政，司马光坚决反对，与王安石帝前争论，强调祖宗之法不可变，神宗不从，任其为枢密副使，坚辞不就。熙宁三年（1070）出知永兴军（今陕西西安），次年退居洛阳，以书局自随，编撰《资治通鉴》二千四百卷，书成加资政殿学士。《宋史》卷三三六"本传"云："凡居洛阳十五年，天下以为真宰相。田夫野老皆号为司马相公，妇人孺子亦知其为君实也。"神宗驾崩，哲宗年幼，太皇太后高氏听政，召司马光为门下侍郎，进尚书左仆射，废新政。由于劳身焦思"躬亲庶务，不舍昼夜"，为相8个月，因病故殉职。独乐园即司马光在洛修《资治通鉴》时修建的工作之所。

◆ 园林布局

苏轼诗说的"中有五亩园"，言其小，非仅"五亩"。根据司马光的声望地位园可再大，但"不可与他园班"。园子以水池为中心，建筑南北布置，堂北又有水池，中有岛，岛上植竹。其他景物环列，周边配置花圃、林木。整体布局是宅居在北，宅园在南，突出独乐园园居的主要功能。其中有"读书堂"，是写《资治通鉴》的地方；有"采药圃"，是种中草药的地方；有"钓鱼庵"，是供休憩之所；有"种竹斋"，是夏日纳凉之所；有"浇花亭""弄水轩"，是闲适娱目之地；有"见山台"，是登高远眺，借南山之景入园的远望高台；有约圃、化圃以供游赏。

明仇英《独乐园图》（卷）之采药圃（左）、种竹斋（右）局部

明仇英《独乐园图》（卷）之浇花亭局部

明仇英《独乐园图》（卷）之读书堂（左）、弄水轩（右）局部

◆ 文化特征

独乐园有书房、书库、著作之地，本身就是一个文化园，而司马光每构一景又寄寓一个文化崇尚内容。他有《独乐园七题诗》，诗里分别说明亭台题名的寓意：第一首《读书堂》起句为"吾爱董仲舒"，其余诸篇起句句法相同；所指古人"钓鱼庵"为严子陵（汉严光，字子陵，与光武帝刘秀友同学，不肯出仕，耕于富春山，其垂钓处后人称为"严子濑"。此处寄寓其清高不染之品德）；"采药圃"为韩伯休（《后汉书》

卷八三，韩康字伯休，"常采药名山，卖于长安市，口不二价"）；"见山台"为陶渊明（晋陶渊明《饮酒》诗："结庐在人境，而无车马喧。……采菊东篱下，悠然见南山。"）；"弄水轩"为杜牧之（唐杜牧字牧之，有《池州弄水亭》诗，为其作池州刺史时建）；"种竹斋"为王子猷（晋王徽之字子猷，《世说新语·任诞》说他暂时借居也要种竹，问其故，答曰："何可一日无此君？！"）；"浇花亭"为白乐天（唐白居易，字乐天，履道里有宅园17亩，"竹树桥道间之"）。寓文于景寄托情怀，是"独乐园"最为突出的园景与文化的关联，从而见景思义，净化心灵，保持情操。

天津私家名园

水西庄

天津大盐商查日乾、查为仁父子所建的园林。又称芥园。坐落于天津红桥区南运河畔（今芥园水厂是其旧址）。

始建于清雍正元年（1723），雍正十三年（1735）规模已具。时任文渊阁大学士的陈元龙在《水西庄记》中言及建园背景时说："天行查君（查日乾），夙负异才，抱远识，少游京都，开津门之雄且沃，遂卜居者有年。暇日，留连水次，有会于心，乃选材伐石，辟地而构园焉。既成，亭台映发，池沼萦抱，竹木荫庇于檐阿，花卉缤纷于阶砌。其高可以眺，其卑可以憩也。津门之胜，于是乎毕揽于几矣。遂名其曰水西。"

此后，查氏不断对水西庄整修和扩建。乾隆四年（1739）于水西庄南侧建屋南小筑（舍南小筑），乾隆十二年（1747）增建园中园小水西，乾隆二十三年（1758）复在园之东扩建芥园。乾隆皇帝出巡，分别于乾隆十三年、三十六年、三十八年、四十一年，4次留住水西庄，并即兴赋诗。一次春夏之交，园中紫芥（又名二月兰）盛开，他赏花赋诗，挥笔赐名"芥园"。乾隆三十五年（1770），在芥园东侧建河神庙，园盛之余又添庙热之况。

水西庄营造注重意境，集南北园林特色。选择"面向卫水，背枕郊""近村仍近郭，通衢宜骑复宜船"的地方为园址，相地合宜；"斧白木以为屋，不加丹垩"，以人为之美入之天然，立意精当；营造手法，或因高而借远，或凭水而借景，随势置景，巧于因借。园内有澹宜书屋、水琴山画室、古芸台、竹间楼、夜月廊、数帆台、揽翠轩、平岗、枕溪廊、花影庵、藕香榭、泊月舫、绣野簃、红板桥、一犁春雨、碧海螺亭、小水西、夕阳亭、歇山楼、屋南小筑诸景点。屋南小筑中又有晴午楼、花香石、润之堂、送青轩、小丹梯、若槎读书廊、月明笛台、萱苏径、古香小茨、苔花馆、来蝶亭、小旸谷、小憩舫等小景点。其建筑集清代私家造园之精华，堪称津门古代园亭池馆之冠。园中诸景题名意境深邃，听其名，观其景，颇宜觞咏。登数帆亭远眺，正是"长河落日征帆远，白帆悠悠碧云边"的景色。乾隆年间天津诗人康尧衢的《沽上竹枝词》曰："琵琶池上起龙台，曲曲水廊近水开。每到紫藤花发处，游人都问芥园来。"

水西庄的花木颇具津沽园林特色。从文献和昔日诗词歌赋检出的植物有：杨、柳、榆、槐、柽、竹、枫、桃、梨、枣、梧桐、海棠、梅、丁香、芍药、青藤、紫藤、菊、荷、红菱、芦、蒲，以及紫芥等蔬菜和粮食作物，甚至有天津不能露地越冬的芭蕉、兰蕙。江苏武进诗人、画家朱岷绘《秋庄夜雨读书图》和画家田雪峰所绘《水西庄修褉图》的真迹，均珍藏在今天津博物馆。

水西庄主人查日乾父子虽为商海巨富，但贾而好儒，风雅好客，广结交，重然诺，海内才俊、达官贵人纷纷慕名来访，被称为"津门园林之冠"的水西庄，一时成为天津的文化中心。史料记载，查氏二人在水西庄接纳的宾客，身份、阶层相当广泛。乾隆四年（1739）《天津府志》《天津县志》等皆修自水西庄。

清嘉庆、道光年间，水西庄逐渐衰落。咸丰三年（1853）芥园决堤，水西庄遭淹。咸丰八年（1858）芥园驻军，草木为兵马践踏。同治十二年（1873）芥园再次决堤。光绪四年（1878），长芦盐务使如山应寺僧深远的请求，重修门宇。至光绪十六年，芥园河神庙一带仍有部分景物。光绪二十六年庚子事变，水西庄驻警察马队，人畜践踏，草木全枯，惟假山犹是故物。光绪二十七年，芥园内建济安自来水公司。光绪二十九年，在芥园内建罪犯习艺所。光绪三十三年，又在习艺所内建北洋官办造纸厂。宣统二年（1910），在芥园内建北洋火柴公司，聚丰糊店、贫民小学相继进入。1923 年后，军阀曹锟买下军火商孙仲英宅园，与其弟窃移水西庄太湖石至河北自家花园内（今二五四医院），一代名园，荡然无存，惟今天津自来水公司大门口一对石狮是当年遗物。

中华民国时期，天津成立"城南诗社"，致力于水西庄文化保护。

严修（1860～1929）等天津名人曾一度想恢复水西庄。1932 年 12 月 15 日，成立"天津水西庄遗址保管委员会"。1933 年 9 月，出版《河北第一博物馆画刊·天津芥园水西庄专号》。1933 年 11 月，由市财政局绘制《天津芥园水西庄故址图》。1935 年，在天津广智馆举办水西庄文物展览。但由于战乱迭起，修复水西庄这一愿望终成泡影。

荣　园

天津大盐商李春城（1826～1872）的私家宅园。始建于清同治二年（1863）。李家靠经营盐业、商业发迹，时称"津门八大家"之一。1931 版《天津县新志》记有"荣园为李氏别业，在城南十二里东楼"。坐落在今河西区厦门路、广东路、琼州道、徽州道围合区域内，初占地 270 亩，后缩至 180 余亩，是迄今天津仅存的清代私家园林。

初建的荣园以理水见长，早年尤以芦花为胜，四周以壕沟为界，园东北隅辟正门，题匾"荣园"。西北部挖湖，引园外河水充盈湖水，取挖湖土堆山。1872 年，山上建六角十一层青砖塔，通高 8.1 米，名中和塔。

1907 年荣园内的中和塔

湖中有水心亭和曲虹桥，环绕湖溪筑有堤岸和拱桥，桥名曰中和桥。园内建筑均按北方格律构建，园中部有厅堂一座，建于 1866 年，初名咏诗亭，今名枫亭，距亭不远的厅、楼、廊构成天然院落，是李家招待亲朋的地方。枫亭西

南有白拱桥，曲水回环，
廊榭临水而居，亭桥点缀
水溪之间。园西南隅建有
水榭和养静室。园东南面
有花房和花场。园东南隅
的藏经阁建于 1886 年，通

中华民国初年荣园内的中和塔

高 14.2 米，清式重檐三层阁楼，翼角高翘飘逸，素有"延古堂李氏藏
书楼"之称。近人高凌雯评曰："李氏荣园所藏博收精蓄，其所著录有
宋元版百余种，明钞本二百余种，收藏之富，为北省之冠。"1948 年后，
大部分藏书为北平图书馆收购。另一部分藏书赠与南开大学木斋图书馆，
但毁于 1937 年日军炮火。

清末民初，荣园经多次修缮、充实，日臻完善，花园树木葱郁，植
有山桃、山杏、柳、柏、海棠、丁香、紫藤、蜀葵等花木，湖内植莲荷。
每逢春秋佳日，李家人便来园游览消遣，李家亲友也在此招待宾客。每
年端午、中元、中秋各开放一次，任人游览，李家以宅园为"都人士所
游集地"自诩，借以夸耀乡里。1931 年，前清学部尚书荣庆寓居天津，
多次到园中赏游，并在他的日记中描述荣园"水木台榭，颇极清旷"。
清末遗老郑孝胥（1860～1938）与李春城次子李士鉁结识，十数次到
荣园游览并题景：挹清堂、淼薮、柏岭、苇湾、因树榭、窣堵冈、舞叶
楼、宛在亭、身云洞、蒦亭、凸桥、诗趣轩、舫斋、松径、药圃等，并
作有《李园十咏》诗。

1926 年前后，李氏家族日渐衰落，花园无人经管，且先后遭 1917

年、1939 年两次洪水侵袭，楼亭颓圮，树木荒芜，外河内湖淤塞。此后有新民会、育德学院租用，稍得维系，但其后军队进驻破坏，至天津解放时，园内仅存失修的藏经阁、枫亭、中和塔。

天津解放后，李春城四世孙李家禧（瀛之）出面，以李岐美之名把荣园献给国家。人民政府接收这座残缺荒芜的花园后，修葺园内遗存，清淤、架桥、添植花木 2000 余株、建儿童游乐场和动物展区，环园修建青砖青瓦透式花墙。1951 年 7 月 1 日，修缮竣工开园，更名"人民公园"。1954 年，爱国将领张学良的胞弟张学铭任人民公园管理所副主任时，委托中央文史研究馆馆长章士钊先生致函毛泽东主席为公园题字，同年 9 月 19 日毛主席亲自复函，题写了"人民公园"4 个字，匾额悬挂于公园大门。1957 年园内建观赏温室，后又建展览馆。1976 ～ 1980 年，园内动物迁往天津动物园。公园经多次整修，对枫亭、中和塔、藏经阁等均按原样修葺保护。

昔日荣园，今日人民公园鸟瞰

石家大院

清末天津八大家之一石元仕的私宅。位于天津杨柳青古镇，京杭大运河的津西南运河畔。1991 年，被列为市级文物保护单位。石家原籍山东，祖辈漕运发家后在清乾隆（1736～1795）年间定居杨柳青。石家于清道光三年（1823）分为福善堂、正廉堂、天锡堂、尊美堂四门，现石家大院即为仅存的"尊美堂"宅第。

石家大院始建于光绪元年（1875），几经扩建修葺，历十余年，遂成现在的规模，时称津西第一宅。院落坐北朝南，占地9余亩（6000余平方米）。由正门入院，绕过影壁，一条贯通南北的甬道将大院分隔为东、西两部分。甬道上有三座门楼，皆设三级石阶，寓意"步步高升，连升三级"。甬道东侧是宅院，由四套四合院组成。甬道西侧是厅堂院，设客厅、戏楼、抄手院、佛堂和花园，为接待宾客、娱乐、饮筵和祀祖的场所。东跨院为用人住，西跨院以长廊串南北。院落整体布局、建筑风格、装饰艺术、砖木石雕，浓缩津沽人文精华。

石家大院堪称津门私家宅园的代表。进入大院甬道西侧的厅堂院，过一座瓶花门，内花园赫然映入眼帘，花园占地近两亩，规模于当时首屈一指。园中亭、堂、廊、台、榭、池、溪、瀑和花木，布局和造景别具匠心。花园以廊环绕，亭堂台榭遥相呼应，叠山点石自然成趣，池溪流瀑跌水潺潺；连廊墙什锦窗祝福随步而生，园路曲径步移景异。

石家大院建筑用料考究，大部分砖瓦从苏州、临清运来，木料为楠、梓、楸、柏及其他硬木，来自云南、贵州等地。砖、木、石雕技艺精湛，图案构思丰富多彩。甬道上的三座垂花门雕刻的象首、仙鹤、葫芦爬蔓图案，分别寓意吉祥平安、福寿富贵、家族兴旺。西院客厅、暖厅、戏楼的装饰精美。戏楼外廊、大垂柱门上的太师、少师等图案雕刻更为别致，门两侧青石青鼓，护阶石，两层阶石上全刻有精细浮雕。院中青石高台磨砖对缝，房脊山尖、陡板山墙均以砖刻为饰。院内建筑多为梁枋雕刻，均为木质原色，绝无朱漆彩绘，"只有雕梁，却无画栋"，且精细雕刻凤、狮、鹤、象图案，独不见龙形，可见宅园主人恪守封建定制，以避祸嫌。

石家大院

1919 年，宅主石元仕病故。1923 年，石氏举家离开尊美堂老宅，迁往天津定居，从此石家逐渐衰落。至天津解放前，尊美堂的房屋大部出租。1949 年，平津战役前线指挥部曾设在此。20 世纪 50 年代初，一度为天津专署所在地，1956 年天津专署迁出后改为学校。1987 年市、区文化部门搬迁院内住户和单位，整修院内建筑、花园等，于 1990 年辟建杨柳青民俗博物馆，渐成为津门特色旅游景点。

庆王府

清庆亲王载振寓所。原系清光绪（1875～1908）年间宫内大太监小德张（张兰德，1876～1957）的公馆。占地面积 4400 平方米。1991 年，被列为市级重点文物保护单位。

1913 年，小德张见宫中大势已去，便离开紫禁城到天津寓居，在英租界剑桥道（今重庆道 55 号）买下这座别墅。1922 年，此所被寓居天津的清庆亲王载振看中，遂用多处房产和土地换下，取名庆王府。

庆王府占地 4400 平方米。主楼为二层、局部三层。整座楼既有传统的"四合套"建筑模式，又有西式楼房建筑风格，内外檐装饰精美豪华。门廊为显示宫殿气氛的复合柱式，正面是青条石宝塔式台阶，一楼居中为欧洲古典风格的开敞天井式大厅。早年厅内还挂着康熙皇帝御书白居易诗句的大条幅，诗曰："地僻门深少送迎，披衣闲坐养幽情，秋庭不扫携藤杖，闲踏梧桐黄叶行。"一楼大厅及外回廊的地面，均为铜条镶嵌的美术磨石，窗上镶嵌绘有山水花草的磨花彩色玻璃。

庆王府院内中式花园一隅

庆王府院内西式花园一隅

楼东侧辟有花园，占地面积 1667 平方米，造园风格中西合璧。花园由两部分组成，南半部为中国清代造园技法，背景为一座假山，假山上有六角形小凉亭，山前有小石狮一对儿，山上植槐柏，突显假山的高大，山间有溪瀑、小桥。北半部为西式草坪、喷水池及花钵。整座花园绿树掩映，喷泉、假山、养鱼池、凉亭错落有致，尤以园中几柱石笋和养鱼池中的太湖叠石称奇。

庆亲王载振在这里寓居 22 年，1947 年病死于府内。1948 年秋，庆王府被国民党军队占用。1949 年，天津解放后由市军管会接管，后为中苏友好协会使用。1958 年以后至 2010 年为天津市外办使用。2011 年后保护性开发商用，旅游。

张　园

清末两湖制统张彪在天津的别墅。初名露香园。位于天津原日租界宫岛街（今鞍山道 59 号），建于 1916 年，占地 20 多亩（13333 余平方米），是一处中西合璧的花园别墅。1982 年，列为市级重点文物保护单位。

1924 年 12 月，孙中山先生北上过津时曾下榻张园。1925 年 2 月～1929 年 7 月，曾为清逊帝爱新觉罗·溥仪的行在，遂声名鹊起，成为载入中国近代史的一处名园。1929 年 7 月，溥仪又从张园迁往宫岛街上的静园。20 世纪 30 年代初，张园作为游览消夏之所，曾红火一时。1936 年，张园被日本驻军占有，并把原三层洋楼改建成罗马式塔楼建筑。1946 年，作为国民党军警备司令部。1949 年，天津解放后，曾作为天津警备区司令部，而后又成为天津日报、天津青年报、市少年儿童图书馆、市京剧院等单位所在。1976 年 7 月，张园主楼的塔楼遭地震震毁，其后修复。

园中主建筑是西式三层洋楼，四周长廊环绕。楼前花园有水池，与溪流、小桥、喷泉连成水景，水池荷边的八角龙亭造型典雅。园内还有草亭、叠石假山、西式花钵、石桌石凳，树木疏密有致，花草点缀其间，景色优雅。

静　园

原北洋政府驻日公使陆宗舆宅邸。初名乾园。1991 年，列为天津市特殊文物保护单位。位于原天津日租界宫岛街（今鞍山道 70 号），建于 1921 年。占地 5 亩（3333 平方米）。

1924 年，清逊帝爱新觉罗·溥仪被冯玉祥逐出紫禁城。翌年 2 月 24 日，溥仪来到天津，初居清末两湖统制张彪所建的张园，1929 年 7 月移居乾园，此后乾园改名静园，寓意"静以养吾浩然之气"。1931 年，溥仪与日本军政要人策划建立伪满政权，是年 11 月 10 日，他秘密离开静园潜往东北。

1945 年，抗日战争胜利后，静园一度成为国民党天津警备司令陈长捷的居所。1949 年后，静园曾为市总工会女工部和宣传部办公用，后改为民宅。2006 年，对静园全面修复，翌年 7 月对公众开放。

静园主体建筑融西班牙式和日式风格于一体。门的结构和材料选用具有典型的日本特色，朴素自然而简约；而主体建筑的缓坡屋顶、筒瓦的利用以及室内细部装饰则有明显的西班牙建筑风格。静园为庭院式住宅，四周有高墙和门楼环绕。园内有三环套日式三道院。前主楼为二层，局部三层。中央亭子间突出，立面显得高大壮观。

静园前院主楼融西班牙式
和日式风格于一体

西院有一幢内廊式小二楼。西跨院有鱼形喷泉花池和一座典型的日式花厅，厅前有假山。前院主楼前的花园草木葱郁，静谧宜人。院内种植杨、槐、丁香、藤萝、葡萄，有金鱼池，鹅卵石铺路。楼东还有一个小网球场，一条回廊直通主楼西端。后院和西跨院分别建有一座楼房，旁侧建有平房，是天津近代庭院私人宅邸的典型代表。

第2章

空灵多变——江南私家名园

泛指中国长江以南特色的园林。以蕴涵诗情画意的文人园为特色，宋以后中国园林的主流。现今的江南一般指中国苏南、浙江一带。

江南气候温和，水量充沛，物产丰盛，自然景色优美。晋室南迁后，渡江中原人士促进了江南地区经济和文化的发展。东晋士大夫崇尚清高，景慕自然，或在城市建造宅园，或在乡野经营园圃。前者如士族顾辟疆营园于吴郡（今江苏苏州），后者如诗人陶渊明辟三径于柴桑（今江西九江西南）。皇家苑囿则追求豪华富丽。建康（今江苏南京）为六朝都城，宋有乐游苑，齐有新林苑。唐诗人白居易任苏州刺史时，首次用太湖石装点园池，导后世假山洞壑之渐。南宋偏安江左，在江南地区营造了不少园林，临安、吴兴是当时园林的集聚点。明清时代，江南园林续有发展，尤以苏州、扬州两地为盛。尽管江南园林极盛时期早已过去，剩余名迹数量仍居全国之冠，其中颇多为太平天国战争之后以迄清末所建。早期园林遗产，如扬州平山堂肇始于北宋；苏州沧浪亭和嘉兴烟雨楼均始建自五代，嘉兴落帆亭始建自宋代，易代修改，已失原貌。苏州留园和拙政园、无锡寄畅园、上海豫园、南翔明闵氏园（清改称古猗园）、嘉定明龚氏园（清为秋霞圃）、昆山明春玉园（清为半茧园）

均建于明代，规模尚在。江南园林以苏州保存较好，扬州也有相当数量的园林遗留至今，其他各地也有园林留存。

江南园林有三个显著特点。

◆ 叠石理水

江南水乡，盛产石材，以水景擅长，水石相映，构成园林主景。太湖产奇石，玲珑多姿，植立庭中，可供赏玩。宋徽宗营艮岳，设花石纲专供搬运太湖石峰，散落遗物尚有存者，如上海豫园玉玲珑，苏州瑞云峰、冠云峰。又掇石为山，除太湖石外，并用黄石、宣石等。明清两代，叠石名家辈出，如周秉忠、计成、张南垣、石涛、戈裕良等，活动于江南地区，对园林艺术贡献甚大。今存扬州片石山房假山，相传出自石涛之手。戈裕良所叠山，以苏州环秀山庄假山为代表，今尚完好。常熟燕园黄石湖石假山经修理已失旧观。

豫园玉玲珑

◆ 花木众多，布局有法

江南气候、土壤适合花木生长。苏州园林堪称集植物之大成，且多奇花珍木，如拙政园中的山茶和明画家文徵明手植藤。扬州历来以莳花而闻名。清初扬州芍药甲天下，新种奇品迭出，号称花瑞。得天独厚的环境和园艺匠师的精心培育，使得江南园林四季有花不断。江南园林按中国园林的传统，虽以自然为宗，绝非丛莽一片，漫无章法；而是树高大乔木以荫蔽烈日，植古朴或秀丽树形树姿（如虬松、柔柳）以供欣赏，再辅以花、果、叶的颜色和香味。江南多竹，品类亦繁，终年翠绿以为园林衬色，或多植蔓草、藤萝，以增加山林野趣。也有赏其声音的，如雨中荷叶、芭蕉，枝头鸟啭、蝉鸣等。

◆ 建筑风格淡雅朴素

江南园林沿文人园轨辙，以淡雅相尚。布局自由，建筑朴素，厅堂随宜安排，结构不拘定式，亭榭廊槛，宛转其间，一反宫殿、庙堂、住宅之拘泥对称，而以清新洒脱见称。这种文人园风格，后来为衙署、寺庙、会馆、书院所附庭园乃至皇家苑囿所取法。宋徽宗的艮岳，苑囿中建筑皆仿江浙白屋，不施五彩。清初营建北京的三山五园和热河的避暑山庄，有意仿效江南园林意境，如：清漪园的惠山园（重修后改名谐趣园）仿寄畅园，圆明园的四宜书屋仿海宁安澜园，避暑山庄的小金山、烟雨楼都是以江南园林建筑为范本。这些足以说明以蕴涵诗情画意的文人园为特色的江南园林，已成为宋以后中国园林的主流。北方士大夫营第建园，也往往延请江浙名师为之擘画主持。

江苏私家名园

拙政园

苏州古典园林，中国四大名园之一。1961 年，被列为全国重点文物保护单位。1997 年，被列入《世界遗产名录》。位于江苏省苏州东北街 178 号，占地面积 51950 平方米。

拙政园历经 500 余年，屡经易主，多次改建，但仍不失明代风格。

园林布局以水为中心，各式建筑缘水而筑，格调古朴自然，充满诗情画意，呈现出池广树茂、旷远明瑟、平山远水的明代江南园林特色。文徵明《王氏拙政园记》说它"凡诸亭槛台榭，皆因水为面势"，格调近乎天然风景。

拙政园水面占 1/5，景观布局和命意多以水为主题。以水造景，平淡疏朗，建筑配置疏落，庭院错落有致，临水亭台间出，水廊桥梁浮波，层次高低起伏，景物曲折虚实，构成以水成景之画面。总体布局上，采取分割空间、利用自然、因地制宜和对比、借景等手法，吸取传统绘画

波形水廊

艺术，景物题名多用唐宋典故，注重植物造景和花木寓意，保持了池广林茂、旷远明瑟的造园风格，是明代文人写意山水园林的杰出代表，在中国造园史上具有重要的地位。

拙政园基本保持 19 世纪末的风貌，分东、中、西 3 部分，住宅位于园南，各具特色。

20 世纪 50 年代修复，大部分景观沿用王心一归田园居时的旧称，如兰雪堂、芙蓉榭、涵青亭、天泉亭、秋香馆、放眼亭等，或依水而设，或深藏山凹。一湾清流，萦洄曲折，清流两侧，桃柳夹植，恍如江南水乡。

中部是园内主要部分。据清沈德潜《复园记》、钱咏《拙政园图咏题跋》等史料记载，乾隆、嘉庆年间此园中部两次重修，都是在原有

基础上修复，未大规模改造。现中部
是全园精华所在，总体布局以池水为
中心，"凡诸亭、槛、台、榭，皆因
水为面势"（文徵明《王氏拙政园
记》），临水建有形体不同、高低错
落的建筑物，造型多变，轻盈活泼。
厅堂楼榭等原来供园主宴乐生活用的
建筑物，较集中地分布在园南靠近住
宅一侧，实际是住宅的延伸。主厅远
香堂是中部活动中心，堂南隔池山为
腰门，是旧时入口。园中建筑有：绣
绮亭、嘉实亭、玲珑馆、听雨轩、海
棠春坞、雪香云蔚亭、待霜亭、倚虹
亭、梧竹幽居、绿漪亭、倚玉轩、小
飞虹、得真亭、小沧浪、松风水阁、
志清意远、荷风四面亭、见山楼、香
洲、玉兰堂、别有洞天等。

梧竹幽居亭

见山楼

香洲

　　西部现存面貌，大致是清末张履谦修葺补园时所形成。总体布局亦
以水池为中心，主体建筑在池的南岸靠近住宅一侧。水池呈现曲尺形，
西南角以分支向南延伸。池北为假山，山上及傍水处建以亭阁。西部
池水原与中部相通，清末分园时筑墙堵水，池面被隔绝。20 世纪 50 年
代修复时，在水廊下辟水洞沟通两边水池，廊壁上增开漏窗。南面的

三十六鸳鸯馆为主体建筑，旧时可由住宅经曲廊达馆内，是园主宴会与顾曲之处。园林建筑有：十八曼陀罗花馆（卅六鸳鸯馆）、宜两亭、塔影亭、留听阁、浮翠阁、与谁同坐轩、笠亭、拜文揖沈之斋（倒影楼）、波形水廊等。

园最西部今辟为盆景园，集萃苏派盆景近万盆，50 余种品种。

南住宅，为清末云贵总督李经羲修建，纵深四进，前后依次为隔河影壁、船埠、大门、二门、轿厅、大厅和正房（两进楼厅），在一条主轴线上，正房之侧散建鸳鸯厅、花厅、四面厅、小院等建筑，为苏州旧时宅园结合的传统布局，现建成园林博物馆。

留 园

中国四大名园之一。位于江苏省苏州市阊门外留园路 338 号（原79 号）。占地面积 2.3 公顷。1961 年被列为全国文物保护单位，1997年被列入《世界遗产名录》。

现园布局可分中、东、西、北四部，各部景观主题不同，景貌各有特色，相互之间以建筑（或墙）相隔，尤以建筑空间处理最为精湛。园内以廊贯通，园内长廊有直廊、回廊、曲廊、爬山廊等 700 多米。又以空窗、漏窗、洞门使两边景色相互渗透，既分又合，过渡自然，变化丰富。园内厅堂在苏州诸园中最为宏敞华丽，以涵碧山房、五峰仙馆、林泉耆硕之馆 3 个大厅最为著名。

中部是寒碧庄原有基础，经营最久，以后虽有局部改观，但仍是全园精华所在，曲溪楼一带重楼杰出，可称苏州古典园林建筑的优秀作品。中部又可分成东、西两区。西侧以山水景观为主，东侧以建筑庭院为特色。

东区以五峰仙馆为主厅，其旁"鹤所"为旧时由住宅入园之通道。后因留园常在春时开放，以邀时誉，故另辟园门，即今留园入口。五峰仙馆基址原为徐氏后乐堂，经刘恕扩建改名传经堂，盛氏得园后又改名五峰仙馆。坐北朝南，面阔五间，装修精美，因立柱以楠木制作，人称楠木厅，为江南旧式厅堂之佳构。其前后两院皆列假山，人坐厅中，仿佛面对丘壑。后部小山前有一泓清泉，境界至静。

西区从现大门经过曲折的长廊和小院两重，到达古木交柯，即可透过漏窗隐约可见山池、亭阁。山石楼阁环绕水池而构，贯以长廊小桥，植物披被，古树参天，颇具山林气息。池南涵碧山房为中部主体建筑之一。廊屋花墙，水阁连续，明瑟楼微突水面，涵碧山房之凉台再突水面，层层布局，略做环抱之势。隔池为北山，山上以可亭为构图中心。远翠阁处东北角，隔花墙为东部最好借景。西山上有爬山游廊、闻木樨香轩，山石崎嵚，银杏参天，薜荔、络石衍蔓石面，桂树成林，为秋季赏桂佳处。西山与北山相接处有水涧，砌以黄石，壁立竦峭，如临危崖，两山的树林亦由此形成了幽深断续的效果。涧中清流可鉴，上架飞梁两座，涧口设小岛矶石，上下三层，或跨谷，或临水，增加水涧的层次与深度，是理水佳作。曲溪楼、清风池馆、汲古得绠处及远翠阁等参差前后、高下呼应，掩映于古木奇石之间。小蓬莱在水中央，濠濮亭列其旁。曲溪楼下西墙皆列砖框、漏窗，是移步换影佳构。

东、北、西三部，是盛氏在光绪年间所增加。东部主厅为林泉耆硕之馆，鸳鸯厅结构，装修陈设极尽富丽。厅北对冠云沼，冠云、岫云、朵云三峰，以及冠云亭、冠云楼。旧时登楼可远眺虎丘塔影。在林泉耆硕之馆西南，有还我读书斋与揖峰轩两个小院，作为东部与中部的过渡。揖峰轩小院的前后左右分别布置 8 个大小形状不同的天井院落，奇峰散布成林，寸草安置得宜，回廊复折，院落贯通，体现出小中见大、密中见疏的造园艺术，为苏州园林中灵巧精致的庭院典型。

北部旧构久毁，相传本为果圃，种植瓜菜，饲养家禽，取农家田园之意，既满足生活需要，又营造一角田园风光。20 世纪 60 年代改建为盆景园，展示苏派盆景佳作。

西部为明时东园旧规，明代徐氏治"东园"时，山上立有瑞云峰，并多古木。至刘氏时，山上多桃花，又名桃花墩。光绪十四年，盛康扩建东西两园时，用大量黄石在土山上掇叠，因山涧似螺形，取名螺谷。谷口设置石嶂，谓之螺盖。西部之山与中部仅以一道云墙分隔，积土为山，间以黄石，林木茂密，极富山林气息，尤以漫山枫树为胜。山林中有舒啸亭、至乐亭，布置得当。山南环以清溪，植桃柳成荫。溪流终点为一水阁，名活泼泼地，水自阁下穿过，流入南面小溪。溪南为射圃，草坪花树，是恢复的旧观。

园内峰石为一绝，其中冠云峰被誉为江南三大名石之一。园中原有瑞云峰，相传为花石纲遗物，由徐泰时岳父所赠。乾隆四十四年（1779），瑞云峰被移入织造府行宫（今苏州第十中学西花园）。清刘恕聚奎宿、玉女、箬帽、青芝、累黍、一云、印月、猕猴、鸡冠、拂袖、仙掌、干霄等十二峰。王学浩绘《寒碧庄十二峰图》，此图为上海博物馆藏。刘恕又收集到独秀、晚翠、段锦、竞爽、迎辉五峰置于石林小院，撰《石林小院说》，刻碑置墙上。"日花""篠霞"等峰虽不见于记载，石上却有刘恕题名。

留园书条石共计 379 方，居苏州各园之首。大都集自南派著名帖学诸家，从魏晋时期的钟、王，至唐、宋、元、明、清，共有 100 多位书家珍品。主要由仁聚堂法帖、一经堂藏帖、宋贤六十五钟、含晖堂法帖、二王法帖等组成，对于研究园林文化历史和书法艺术都有很高价值。

全园现有堂馆亭榭 40 余座，主要建筑有门厅、古木交柯、绿荫轩、明瑟楼（恰杭）、涵碧山房、闻木樨香轩、可亭、小蓬莱、濠濮亭、曲溪楼、西楼、清风池馆、远翠阁（自在处）、汲古得绠处、五峰仙馆、鹤所、揖峰轩、洞天一碧、东园一角、林泉耆硕之馆、冠云楼、冠云亭、冠云台、亦不二亭、待云庵、还我读书斋、佳晴喜雨快雪之亭、又一村、小桃坞、至乐亭、舒啸亭、活泼泼地、君子所履等。匾额 23 块，已佚 22 块；楹联 14 对，已佚 35 对；门额砖刻 19 方；书条石 379 方，石刻 4 块，石碑 4 块，桥 15 座，石幢 1 座；大假山 3 座，楼山 2 座，厅山 1 座；峰石 15 座；古井 4 口；植物有柏树、朴树、银杏、紫薇、黄杨、广玉兰、白皮松、罗汉松等古树名木 18 株，其他植物 144 种 1000 多棵，盆景 20 余种 269 盆，特色花卉为牡丹。

狮子林

以湖石大假山著称的中国苏州古典园林。有假山王国之誉。1963 年，被列入苏州市文物保护单位。1982 年，被列为江苏省文物保护单位。

狮子林景象

2000 年，作为《世界文化遗产苏州古典园林增补项目》被联合国教科文组织列入《世界遗产名录》。2006 年，被列为全国重点文物保护单位。位于苏州市园林路 23 号，占地面积 14082 平方米。

狮子林总体布局呈东西稍宽的长方形，由祠堂、住宅和花园组成。东部为宗祠、住宅，宗祠厅堂有两进，檐高厅深，气氛肃穆；祠堂以西的燕誉堂高敞宏丽，陈设雍容华贵，是园主宴客会友的主要厅堂。沿燕誉堂南北轴线共有四个小庭院。堂南北以特色植物组成春景庭院；小方厅北面为九狮峰，峰后粉墙上有琴棋书画漏窗。花园由建筑环通，以假山、水池为中心，池东、南掇石为山，池西为土山，有湖石叠岸，山上有飞瀑亭、问梅阁、双香仙馆等建筑；建筑主要布置在山池东、北两翼，而以长廊贯通花园四周，廊壁嵌有《听雨楼藏帖》书条石及文天祥诗碑、乾隆御诗碑等。

◆ 假山

园内假山可分四区两小片，整体上，假山群气势磅礴，洞壑盘旋，犹如曲折迷离的大迷宫。

四区为湖石大假山、岛上湖

狮子林假山

石假山、南岸的临水湖石假山和水池西岸土石山（又名西山）。①湖石大假山，位于花园水池东南，占地面积约 1200 平方米，分上、中、下 3 层，共有 9 条山路、21 个洞口，并有旱洞、水洞之分。假山上有石峰和石笋，石缝间长着古树和松柏。沿着曲径蹬道上下于岭、峰、谷、坳之间，时而穿洞，时而过桥，高高下下，左绕右拐，来回往复，奥妙无穷。②岛上湖石假山（又名岛山），位于湖心岛东岸、北岸与西岸北段，连绵不断，北岸的假山宛如临水栈道，岛山中蹬道与大假山相似，有大假山的延伸或余脉之感。③南岸的临水湖石假山，位于古紫藤架以南，其处理手法与岛山临水栈道有相似之处，更为峻峭，亦有低矮山洞，设两座小桥跨水口之上。④土石山，位于水池西岸，占地面积约 1104 平方米，贝仁元重修狮子林时疏浚水池，挖泥沿墙堆垒而成，使全园假山总面积由 1.7 亩（1133.3 平方米）增加到 2.6 亩（1733.3 平方米）。土山分 3 层，北高南低，山中有 4 条道路，北端有一山洞盘旋上下。山道两侧垒石块，远望西部土山，与其他假山群风格相似，互相呼应。问梅阁旁有人工瀑布。

两小片指花篮厅西南的湖石假山（小假山）与水池东南角的黄石假山（小赤壁）。黄石假山，位于修竹阁南，因其石色黄而偏红，犹如一道天然山壁矗立于山涧深潭边，模仿天然石壁溶洞，故又称"小赤壁"。

◆ **水系及建筑**

狮子林的水系可分为湖、河、池、涧几部分，还有西部假山增设的瀑布。

园内现有建筑 24 座，主要有：贝氏祠堂大厅、燕誉堂、小方厅、卧云室、见山楼、揖峰指

狮子林水景

柏杆、花篮厅（原荷花厅）、古五松园、真趣亭、观瀑亭（湖心亭）、石舫、暗香疏影楼、飞瀑亭、问梅阁、双香仙馆、扇亭、文天祥诗碑亭

真趣亭

石舫

（正气亭）、御碑亭、复廊、修竹阁、立雪堂等。匾额 20 块，楹联 19 对，石碑及书条石 71 块，砖额 30 块，屏刻 6 扇，假山 6 座，峰石 55 座，拱桥 2 座，曲桥 1 座，小石桥 17 座，石柱花架 1 架，古井 2 口，瀑布 1 条。植物有银杏、白皮松、柏树、紫藤、紫玉兰等古树名木 13 株，其他树木 50 余种 163 棵，特色花卉为梅花、菊花。

沧浪亭

苏州现存历史最悠久的古典园林。位于江苏省苏州市人民路南段东侧沧浪亭街 3 号。占地面积 11200 万平方米，园外水面 5280 平方米。1963 年，被列为苏州市文物保护单位；1982 年，被列为江苏省文物保护单位；2000 年，作为《世界文化遗产苏州古典园林增补项目》，被联合国教科文组织列入《世界遗产名录》；2006 年，被国务院列为全国重点文物保护单位。

沧浪亭以"崇阜广水""城市山林"著称。旧时园外三面临水，溪流自东南萦绕园北，古称"葑溪"。崇祯、乾隆时有图，可见水至园西北端近街处折向南流，复西行去府学，乘船可通盘门。而嘉庆（1796～1820）时地图，水已不西去。现园外水面仍宽广，未进园先见水。

全园布局以山为主，主要水面在园外。因该园历史长久，园内古树较多，尚能保持自然景色。土阜为苏州各园中地势较高的一处，山石嶙峋，有"真山林"之称。各式建筑简朴无华，别具风格。漏窗图案精美生动，无一雷同，旧传有108式。石碑石刻，品类繁多，尤以500名贤祠图碑著称。由于园曾散为佛寺，又改为祠宇、行馆、邑园，成为具有公共性质的园林。复廊中穿插面水轩、观鱼处、御碑亭，形成多变而轻松的游览路径，又通过复廊漏窗沟通园内外风景，园前借水，园外借山，为借景佳例之一，是狮子林、怡园采用复廊的先例。

园中花木季相鲜明，四时有佳景。门前昔有荷花满溪，岸边桃柳间植，清末以来常遭水患，中华民国初年又有工专工场的污水流入，荷莲渐败。1926年曾补种荷花。中华人民共和国成立后亦因时有积水，门前花树渐稀，21世纪以来又渐恢复。竹是沧浪亭的传统植物，园内素以"修竹为盛"，自苏舜钦构亭筑园始，代代相沿。现园中竹类品种繁多，有箬竹、紫竹、水竹、梅竹、翠竹、方竹、金丝竹、青秆竹、湘妃竹、凤尾竹、慈孝竹，以及盆栽琴丝竹、菲白竹、橄榄竹和"金黄嵌碧玉""碧玉嵌黄金"的洗竹等。中华人民共和国成立初期，朱德委员长来苏州时曾赠送兰花给沧浪亭，从此，园内兰花为特色花卉之一。

园内碑刻计 153 块，有苏舜钦、林则徐、张问陶、孙星衍等墨迹石刻，宋荦《重修沧浪亭记》，光绪《沧浪亭图》，五百名贤祠内石刻125 方。原有欧阳修沧浪亭诗、归有光《沧浪亭记》、明杨继盛书联等石刻，已于中华民国时期散失。从碑石厅到五百名贤祠，沧浪亭碑石数百幅，品类有碑记、文跋、图像、石额、石对等，尤以图碑著称，从人物肖像，到园景图，从《沧浪五老图》《七友图》到五百名贤画像，为该园胜景之一。沧浪亭的碑记、文跋部分以苏舜钦为中心，或记事、或状物、或议论、或抒情，多数记述沧浪亭历代修复缘由，帝王的嘉勉告诫，官宦的歌功颂德和政事的自勉自励，官绅文士的雅集情景以及勒石的经过等，既有历史价值，又有浓重的儒学气息。

全园现有堂馆亭榭等建筑 25 座，主要有"沧浪胜迹"坊、门楼、门厅、碑石厅、沧浪亭、复廊、见心书屋、明道堂、清香馆、观鱼处、面水轩、御碑亭、闲吟亭、闻妙香室、瑶华境界、印心石屋、看山楼、翠玲珑、仰止亭、五百名贤祠、步碕亭、康熙御碑亭、藕花水榭、锄月轩等。匾额 15 块，楹联 14 对，屏门 2 块，门额 18 方，书条石 32 块，石碑 13 块，假山 2 座，拱桥 2 座，三曲平桥 1 座，小石桥 3 座，古井2 口，涧潭 1 塘。园内古树名木有银杏、柏树、枫杨、朴树、山茶、檀香、蜡梅等 10 种 11 棵，大都为百年以上树龄。特色花卉为兰花、竹类。名贵兰花 70 余种。竹 58 种、近万竿，梅近 20 株，其他树木 60 余种 200余棵。

网师园

素以小巧典雅著称，被誉为"小园极则"。位于江苏省苏州市带城桥路阔家头巷 11 号。占地面积 6500 平方米，其中花园占地 3300 余平方米（水池 447 平方米）。1982 年被列为全国重点文物保护单位，1997 年被列入《世界遗产名录》。

网师园保持了苏州旧时世家完整的宅园相连风貌，总体布局为东宅西园两部分。具体分布为东部住宅区、中部山水花园、西部别院。东部厅堂布局严整，结构轩昂，装修雅洁；中部池水清澄，假山雄峻，亭台楼阁环池而筑；西部殿春簃原为书院，美国纽约大都会艺术博物馆内的"明轩"即以此为蓝本而建。

花园以水为主，主题突出，布局紧凑，层次分明，富于变化，空间尺度斟酌恰当。园内有园，景外有景，成功运用比例陪衬关系和对比手法，建筑虽多而不见拥塞，山池虽小而有大山汪洋之气，获得较好的艺术效果，是小巧玲珑、清秀典雅、以幽深曲折见长的江南中小型古典园林的代表作。

东部住宅，其建筑约占全园三分之一。大门内中轴线上四进的厅堂依次为门厅、轿厅、大厅、撷秀楼。其北为庭园和梯云室。

正门南有照壁，东西为对称巷门，大门额枋前置葵花形阀阅，两边抱鼓石饰有狮子滚绣球雕，门槛高达 80 厘米，门前植盘槐两树，为高贵门第之象征。进而为门厅，再进为轿厅，厅东有避弄可达内厅，西首有门可入花园。轿厅与大厅万卷堂之间有一砖雕门楼，有额"藻耀高翔"，并刻"文王访贤""郭子仪拜寿"故事，精雕细刻，为宋宗元时建，被誉为"江南第一门楼"。

万卷堂为东部宅区主建筑，高敞轩昂，三明两暗，堂内陈设古雅。堂侧为一小院，植树一二，廊壁嵌有书条石，环境幽静。万卷堂后为撷秀楼，面阔五间，附带厢房。楼下为内眷燕集之所，亦称女厅。楼上为园主夫妇居室，推窗远眺，旧时可见天平、灵岩、上方诸峰黛色隐现。楼后有廊通后花园，园中峰石散置，花木扶疏。园北有梯云室，西墙廊端有半亭。经半亭可至五峰书屋，面阔五间，前有湖石假山，其状神似庐山五老峰，花坛有山茶"十三太保"一株，为苏州园林一绝。

花园在住宅之西，以水为中心进行结构布局。环池一周叠筑黄石、山冈、岸矶，高下参差，曲折多变，石矶突出水面，错落有致，大体积组合，极富天然之趣。水湾深藏于石间，岸池用石下直上横，而以横石挑出形成各种洞穴、窝凹，使水畔渊潭幽深。亭阁廊榭，环水参差而筑。

花园南部的小山丛桂轩与蹈和馆、琴室组为一居住、宴聚用的区域，此区空间较为狭仄封闭，走廊蟠回宛转，环境幽深曲折。北部的五峰书屋、集虚斋、看松读画轩、殿春簃组成以书房为主的另一区域，这一组庭院内叠石成花台，用竹丛、花木、石峰构成院景；屋后则辟有小院，既借以采光通风，又略置湖石，疏植竹、梅、芭蕉，构成窗景。两区之中又有小院，如琴室、看松读画轩、殿春簃都是相对独立的小院。

园内建筑以造型秀丽、精致小巧见长，尤其是池周的亭阁，有小、低、透的特点，内部家具装饰也精美别致。

假山和叠石小品按组景需要采用不同的石质，如中部池周假山、花台、池岸用黄石，其他庭院用湖石，不相混杂，合乎自然之理。

园内植物配置注意种类的少而精。全园树木数量不多，有青枫、桂、白皮松、黑松、紫藤、玉兰等树种，由于修剪适当，较好地发挥了单株观赏的作用。

网师园现有建筑 22 处，主要有轿厅、砖雕门楼、万卷堂、撷秀楼、云窟、梯云室、小山丛桂轩、蹈和馆、琳琅轩、引静桥、五峰书屋、竹外一枝轩、集虚斋、看松读画轩、濯缨水阁、殿春簃、露华馆、琴室等；砖刻门楼 2 座；匾额 15 方；楹联 9 副；砖石题刻 15 处；书条石刻 32 方；古树名木有桧柏、白皮松等 6 种 8 棵，其中看松读画轩庭前古柏已近千年；特色花卉以牡丹、芍药著名；"十三太保"茶花 1 株，号称镇园之宝。

环秀山庄

中国苏州古典园林。以假山堆叠技艺高超而著名，1987 年列入全国重点文物保护单位，1997 年被联合国教科文组织批准列入《世界遗产名录》。位于苏州市景德路 272 号，黄鹂坊桥东，南邻苏州刺绣博物馆，东西为"中国同源有限公司"（原苏州市刺绣研究所）。现占地面积 2180 平方米。

环秀山庄以山为主，水池辅之，建筑不多，因山而成名。园虽小，但布局精致，组合方法特辟蹊径，为罕见作品。在苏州湖石假山中当推第一，素有"独步江南""天然画本""尺幅千里"之誉。

假山以池东为主山，池北为次山，池水缭绕于两山之间，山水互为衬托。池南有四面厅，可从池西走廊通向问泉亭和补秋舫，走廊上建边楼可供眺望。次山紧贴西北墙角,临池一面作石壁,壁上留有"飞雪"两字,是飞雪泉遗址。

主山分前、后两部分,其结构于园的东北部以土坡作起势,西南部累叠湖石,其间有两幽谷,一谷自南向北,一谷自西北向东南,会于山之中央,将山分为三区。前山全部用石叠成,外观为峰峦峭壁,内部则虚空为洞。后山临池用湖石作石壁,与前山之间形成宽 1.5 米、高 4 ～ 6 米的洞谷。前、后山虽分,而气势连绵,浑然一体。山由东向西,犹如山脉奔注,忽然断为悬崖峭壁,止于池边,有张南垣所谓"似乎处大山之麓,截溪断谷"之意境。山的主峰置于西南角,峰高 7.2 米,以 3 个较低的次峰环卫衬托,左、右辅以峡谷。谷上架石为梁,形成虚实对比,使山势雄奇峭拔,体形灵活饶有变化。由池西问泉亭开始,通过曲桥有临池小道,旁依 4 米高的峭壁,下临池水。山体内有石洞、石室各 1 处,经小径即转入石洞。洞直径约 3 米,高约 2.7 米,洞中设石桌、石凳。四壁开孔洞五六处,供采光通风,也可提供框景。石桌旁有直径约半米的石洞下通水面,天光水色映入洞中。

深山峡谷

出此洞便是山涧、峡谷,四周石壁耸立,并有西北部次山作为对景,是此山最幽深处。出谷拾级由后山盘旋而登,脚下高出地面 4 米余,山径据险而设,俯瞰曲桥、水池,如在悬崖上。

假山的细部处理,参照天然石灰岩被雨水冲蚀后的状况,将湖石叠

成各种形体：有近似球状的
（如山峰），有近似条状的
（如石壁上垂直体），有近
于片状的（如东南角贴墙石
壁），也有呈不规则形的。

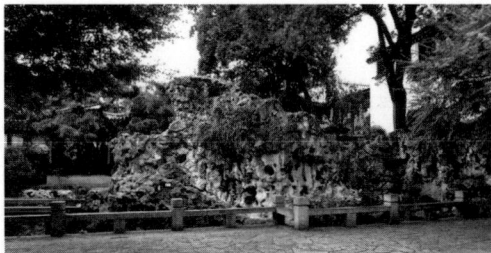

假山

石块拼连也根据湖石纹理体势作有机组合。从土山东南角和山顶未经修
理的部分来看，原来灰浆隐于石缝内，能和天然石缝形象接近。山涧则
采用穹隆顶或拱顶的结构方法，犹如喀斯特溶洞，逼真而又坚固，虽历
时 200 年而无开裂、走动迹象。石壁上挑出的悬崖也用湖石钩带而出。
戈裕良在前人叠山技法基础上创制的钩带法，用于堆叠环秀山庄中的假
山，"将大小石钩带联络如造环桥法，可以千年不坏，要如真山洞壑一
般，然后方称能事"。戈氏与前人纯以石叠或土包石、石包土法有异，
较之叠山挑压法先进，能以少量之石叠大型之山，并遵循画理，运石似
笔，精心布景，巧法多变，达到"山形步步移""山形面面看"的艺术
境界。他将自然界的峰峦洞壑提炼概括，集中展现在有限的庭院空间内，
结构严密，处理细致，整体与细部融为一体，能远观，也能近赏。陈从
周评价其叠山艺术实为造园史上的一个转折点。

全园主要建筑有：门厅、有谷堂、四面厅、半潭秋水一房山、边廊
边楼、问泉亭、补秋舫、海棠亭等；匾额 3 块，楹联 3 对，门联 2 对，
砖额 6 只，书条石 3 块，石碑 4 块，石刻 1 处；假山 1 座；石桥 3 座，
古泉 1 口，涧潭 1 塘；古树 4 棵，其他树木 20 余棵。

艺 圃

中国苏州的古典园林，明代宅园。1995 年被列为江苏省文物保护单位，2000 年作为《世界文化遗产苏州古典园林增补项目》被联合国教科文组织列入《世界遗产名录》，2006 年被列为全国重点文物保护单位。位于苏州市阊门内天库前文衙弄 5 号，总面积 4050.73 平方米。

艺圃以简练开朗、自然质朴取胜，较多地保留了明代建园初期的布局与风格，是体现 16 ~ 17 世纪文人写意山水园和人文精神的遗构。

艺圃总体布局为东宅西园。从文衙弄进入艺圃，由门厅过巷道至二门，由二门北行进入住宅前厅世纶堂，西有边廊入园。住宅南北走向，有三进院落，分别为世纶堂、东莱草堂、楼厅。楼厅东侧为馎饦斋，为独院小楼。

园林布局以水为中心，以山水为主景，其东南、西南各有水湾，水面上架设平桥，低贴水面令山势更显高峻，池水更显浩渺，颇具文人山水画意。池东南乳鱼亭为明代遗构，池水于亭东南汇为一泓小湾，上架微拱的石板桥，桥为旧园原物。亭东南有思嗜轩。由石板桥至池南土叠石山，山下南行入山洞而盘旋登山，山上林木茂密。至园内最高点朝爽亭，可俯览全园景色。另一路沿池南绝壁西行，经青瑶屿至池西南的曲桥渡香桥，行人如凌波

驳岸、曲桥、乳鱼亭

踏水。桥西南通圆洞门内小园，自成一区，内凿小池，池名浴鸥。池水与大池相通，池畔散置峰石、花木。浴鸥池西有建筑一组，平面呈凹字形，中有小庭，叠湖石花台。庭南北建对照厅，南名南斋，北称香草居。此庭院是旧时园主读书之所。池北以建筑为主。延光阁横卧池上，为苏州园林中最大的水榭。水榭东西两侧连以厢房，西有旸谷书堂，榭北有庭院，叠湖石花坛，植牡丹。庭院北为园中主要建筑博雅堂，又称念祖堂，面阔5间，木结构及柱基为明代遗物。堂柱悬抱柱对两副，屏门挂著名书画家的中堂、对联、立轴，陈设典雅。

全园有堂馆亭榭15座，主要有：延光阁、思敬居、旸谷书屋、爱莲窝、博雅堂、乳鱼亭、思嗜轩、朝爽亭、世纶堂、馎饦斋、东莱草堂、南斋、香草居、鹤柴、响月廊等；匾额15块，楹联7对，砖刻6方，碑刻2块，书条石1方，桥3座；大假山1座；峰石3座；古井3口；古树名木4株；其他植物52种390余棵；特色花卉为牡丹、并蒂莲（已绝）。

耦　园

中国苏州古典园林。以夫妻佳偶为立意，黄石假山为胜景的住宅园林。1963年被列为苏州市文物保护单位，1995年被列为江苏省文物保护单位，2000年作为《世界文化遗产苏州古典园林增补项目》被联合国教科文组织列入《世界遗产名录》，2001年被列为全国重点文物保护单位。

位于苏州市城东小新桥巷6号，占地7800平方米，东临内城河，与古城墙相望，南为小新桥巷，面对小河，西近仓街，北抵小柳枝巷河

耦园三面邻水格局

道，三面临水，一面邻街。

耦园在苏州众多的古典园林中布局独特，与苏州园林常用的前宅后园造园手法不同。园东、南、北三面环河，西面临街。总体布局依地形而建，为规则矩形，东西宽约 100 米，南北进深约 80 米，占地约 7800 平方米。南临水巷，北枕河道，前后均建有水埠码头，旧时南面正门前还建有照墙，至今保持着苏州水城建筑的历史风貌，为现存苏州园林建筑中孤例。水阁山水间内"岁寒三友"落地罩雕刻精美，规制较大，为苏州各园之冠。

园内布局为并列的东、中、西三部分，中为住宅，东西分别为东花园和西花园。耦园内的受月池是现存苏州园林中唯一连通外河、与城市水系紧密相连的水池。园北背河的楼房，通过楼上走廊和过道，将中、东、西部联成一体，东达东花园最东之双照楼，西可至西花园最西端的藏书楼，这种以一曲贯通三部的楼廊，俗称走马楼。

黄石假山和受月池

东花园为全园精华，以山池为中心，建筑环于四周。主体建筑坐北朝南，是一组重檐的楼厅。东南角略突出，内有小院 3 处，重楼复道，西与住宅相连，总称城曲草堂，中间设大厅 3 间，是旧时园主宴聚处。与山水间水阁南北对峙。楼前隔以平坂草皮，卵石地曲折延伸。正面为黄石假山，绝壁、蹬道、峡谷、悬崖等叠山手法自然逼真，石块大小相间，以横势为主，犹如黄石自然剥裂的纹理，和明嘉靖（1522～1566）年间张南阳所叠上海豫园黄石假山几无差别。

西花园，以书斋为中心分隔成前后两个小院。书斋称织帘老屋，南庭院叠湖石假山，与东花园黄石假山遥相呼应。书斋后面又有一院，隔山石、树木建书楼一座，是书房和庭院结合较好的例子。

中部住宅，沿南北中轴线依次设门厅、轿厅、主厅和楼厅。楼厅与东侧楼区、西侧藏书楼相连，沿楼后部通道可贯通东西。

全园现有堂馆亭榭 25 座，主要有：门厅、轿厅、载酒堂、楼厅、无俗韵轩、城曲草堂、补读旧书楼、

城曲草堂

黄石假山

西花园藏书楼

筠廊、望月亭、吾爱亭、樨廊、藤花舫、储香馆、山水间水阁、听橹楼、魁星阁、织帘老屋、鹤寿亭、藏书楼等；砖雕门楼 3 座，匾额 18 块，楹联 12 对，砖刻 5 方，书条石 20 余方，碑刻 1 块，石刻 7 处；曲桥 1 座（宛虹桥）；黄石大假山 1 座，湖石假山 1 座，峰石 11 座；受月池 1 处，古井两口；古树名木 8 株，其他植物 32 种 300 多棵。

听枫园

中国苏州晚清宅园。又称吴云宅园。1982 年被列为苏州市文物保护单位，2006 年被列为江苏省文物保护单位。位于苏州市庆元坊 12 号。园西原有小市桥。宅园占地面积 4666.7 平方米，内花园 1133.3 平方米。

听枫园入口

传为北宋天圣（1023～1032）年间词人吴感红梅阁旧址。清同治三年（1864），苏州知府吴云（号平斋）在此筑宅园，因园内有古枫婆娑，因此命名为听枫园，被誉为苏州的书斋庭园。光绪九年（1883）吴云卒后，听枫园逐渐衰微。宣统二年（1910），词人朱祖谋曾寓居此园。1928 年，园归陈裕之，曾修治，后屡易园主。

1949 年后，相继为教师进修学校、第二中学、评弹研究室、评弹团使用。花园内建筑被分隔为职工宿舍。1966 年以后，假山被拆，建筑失修，花木凋零。山上墨香阁被毁。1979 年，安置下放回城的评弹演员十余户暂住。1983 年，园中单位与住户迁出。1984 年底全面整修工作竣工。1985 年春节，苏州国画院迁入。21 世纪初，北部开设听枫茶馆和观月画廊。

听枫园前宅后园。住宅部分正门在金太史巷 4 号，有门厅、轿厅、大厅及楼房。现存轿厅和第二进均面阔三间，纹头脊硬山顶，轿厅内悬匾"吴云故居"。

花园位于住宅东北部，以听枫山馆为中心，西接味道居、两罍轩，东连平斋，将园地划分为南北两半，各成庭院一区，花木茂盛，山石多姿。

主厅听枫山馆（原名听枫仙馆）居园中心，西侧两罍轩，因吴云曾收藏两件齐侯罍（古铜器）于此，故名。另有味道居、红叶亭（现名待霜亭）、适然亭等建筑。馆东旧为吴云书房平斋，斋前叠湖石假山，循蹬道而上有墨香阁，阁下层隐伏山中，上层突兀山巅。斋、阁自成院落，为全园精华所在。平斋北庭院水池居中，假山错落，三面绕以回廊，西面廊壁置半亭，临池花木映照，西北角为旱船；院东曲廊小轩，今为入园门厅，西侧为楼房，是苏州市国画院办公之所。

墨香阁

曲溪园

中国苏州古代园林。又称夏荷园。是东山仅存的明代私家园林。位于太湖东山马家底。明中叶严公奕所建。此园巧妙利用山岭流水的地利，在上游拦水，使北面和西南诸峰之水经秦家涧分流入园，沿溪都是文石，溪水导经园内，泄入池中，又经曲溪流出。取曲水流觞之意名为曲溪园，文徵明书"曲溪"砖额（现存留园曲溪楼门额上）。园内有响水涧、曲溪流、荷池亭榭、嘉树幽谷。清末族裔严家炽（1873～1952）改为别业，但把响水涧拦在园外。现园内尚存荷池、曲桥、水榭、楼阁、四面厅、正厅等建筑和银杏、紫薇等古树。产权为当地中学所有。

唐寅故居

中国苏州吴门书画派书画家唐寅的故居。位于苏州市平门内西大营门双荷花池 13 号，即宝华庵，又称文昌阁。1982 年被列为苏州市文物保护单位。

唐寅故居

始建于明弘治十八年（1505），一说正德二年（1507）。唐寅于桃花坞择地建宅，题名为桃花庵，植桃树数亩，唐寅自称为桃花庵主。据记载，有桃花庵、梦墨亭、学圃堂、蛱蝶斋等建筑。清顺治初，名医沈明生得到此地，复建桃花庵等建筑以表追思，筑有梦墨亭、六如亭、蓉镜亭等，时人称唐家园或沈太翁园。乾隆（1736 ~ 1795）年间，僧禅林、道心改建为宝华庵，光绪（1875 ~ 1908）年间又改为文昌阁。清嘉庆（1796 ~ 1820）年间，吴县知县唐仲冕以唐寅族裔身份，在唐寅故居附近的准提庵［明天启（1621 ~ 1627）年间杨大瀣所建］东侧建唐解元祠，署室名桃花仙馆，用来祭祀唐寅、祝允明、文徵明三人。中华民国初年，爱国士绅费仲深购得唐寅故居一角，建归牧庵。1925 年，其子费巩与袁世凯孙女袁慧泉在归牧庵成婚。

唐寅故居有建筑面积 511 平方米，坐北朝南，大致可分为两路两进房屋。西路头进为临池而建的水阁，面阔五间，共 15.4 米，进深 9 米，硬山顶，内构船篷轩，圆作梁架。第二进为殿堂。水阁东侧有清代石板小桥青莲桥跨池，作为出入口。2012 年，桃花坞大街整体改造，唐寅故居纳入改造工程中。

真如小筑

中国苏州古典园林。苏州市文物保护单位。位于苏州市胥门外苏州市规划展示馆庭院内，原从泰让桥弄（由斯弄）22号后门出入。清嘉庆二十五年（1820）沈琢堂建，后被发展苏绣、开设货庄致富的顾荫农连同住宅购下，俗称顾家花园，面积约500平方米。厅堂建筑、假山鱼池、凉亭曲桥、花果树木等，凡园林之构无不具备，人称仿留园。其中两棵大黄杨树，及楠木厅前走廊全用彩色瓷砖铺砌为其他园林所罕见。"文化大革命"中，园中水池、假山、曲桥、亭子等全毁。1985年文物普查时，尚存花厅、书房等庭院建筑及无花果、芍药等花木。1999年，仅存花厅（楠木厅）及部分书条石，其余均不存。2003年1月，建设苏州规划展示馆时将其周围地块一并改建，修复后的真如小筑成为馆内庭院建筑的一部分。

愚公谷

明代无锡人邹迪光构建的山水墅园。位于江苏省无锡市。愚公谷位于惠山寺之南，西傍天下第二泉，东临秀嶂街，北与春申涧相接。邹迪光在万历四十二年（1614）所作《愚公谷乘》中描述其园"为堂者四，为楼者三，为阁者六，为亭者七，为斋者五，为榭者二，为廊者六，为池者五，为涧者二，为桥者三，为馆者一，为滩者一，为岭者二，

愚公谷

为舍者三""山得其二，水得其四，屋得其三，竹树得其一"。其景有瀿瀿亭、瓠叶廊、虹廊、醉石滩、渌水涯、四禅天、八解堂、众香林、九莲台、七徵斋、八通楹、十住斋、五印楼、在阿、流梵渡、菩提场、频伽岭、缜水堂、蔚蓝亭、双屿、蝶慕橼、梅峡、语花篾、结仪榭、金薤堂、蕉鹿斋、山带楼、半舸、水带阁、晚菘斋、膏夏堂、椒庭等。

愚公谷南首为山坡和谷地。春申涧自山腰倾泻而下，横贯其中。暴雨后飞瀑流泉，蔚为壮观。涧腰凿池，池畔卧云冈设三角亭卧云亭，可观赏涧瀑。

至德祠、胡文昭祠、碧山吟社等建筑群组成了不同的院落空间，这些空间开合收放、舒朗紧密、起伏变化、彼此邻接、相辅相成。对原有建筑的改造，保留其合用部分，改造不适宜的部分。建筑空间与园林空间相互引连，相互渗透，有机组合。

现愚公谷范围内的部分建筑利用其他建筑改建而来，并在原址上营建园林环境。如荷轩由至德祠一部分年久失修建筑改建而成，环池构建长廊，临池围以坐身矮墙，形成以荷轩为中心，临水背山的一组建筑，南北各有水榭，中有小亭，创造了围池缭绕曲折、婉转多姿的总体格局。南部小榭旁有亭，其下覆一泉井，金山石壁，名为滤泉，又名亚泉。滨湖山馆原址保留胡文昭公祠之一部分并改建而成，馆之东前伸筑有平台，是为观赏湖光山色之绝佳场所。西面对九峰翠嶂，下临碧水"莲沼"。池之东南有460龄古银杏一株；池之东北有"石公堕履处"青石梁。古银杏和青石梁均为明代愚公谷之遗物。金粟堂由胡文昭公祠之一部分保留并改建，其旁遍植桂花，中秋时节为惠山赏桂最宜之处。垂虹爬山廊由破败庵房改为随地形逐级上升的爬山廊，其屋面处理成阶级和曲线相结合的外观轮廓。此廊在交通上是联系天下第二泉与碧山吟社的山腰通道，并能引连前后风景。园林建筑还包括慧麓草堂、锡麓书堂等。

愚公谷改建过程中，对古木大树坚决保留配置成景。愚公谷南面、春申涧以南种植大片竹林、雪松林、栗树林，浓绿幽深；春申涧以北种植银杏林；金粟堂北侧成片种植樱花等，加强气氛。

无锡寄畅园

中国江南山麓别墅式古典园林，江南四大名园之一。位于江苏省无锡市惠山寺北，惠山横街（今秦园街）之西，占地面积 11200 平方米。1988 年，被中华人民共和国国务院列为第三批全国重点文物保护单位。

寄畅园分为南部起居和北部山池两区。入南门后的西侧墙上嵌康熙"山色溪光"和乾隆"玉戛金枞"原刻。由凤谷行窝游廊向西，过洞门为秉礼堂庭院，三面设游廊。游廊西侧辟门通二泉书院，经游廊东北角小门则可达含贞斋。含贞斋东面对着近代堆筑的九狮峰，峰南是二层的临梵阁，可由假山登阁。阁东为园林南部正堂卧云堂，堂东尽处是一座方池，池内有龙头吐水，为园林的出水口。池东特置造型优美的介如峰。庭园南部建有御碑亭，碑上刻乾隆所绘《介如峰图》和题诗。介如峰北是二层的凌虚阁，可登阁欣赏园林内外景色。

园林的精华在北部山池区：以狭长形水池锦汇漪为中心，池西、南为山林自然景色，东、北岸则以建筑为主。过凌虚阁沿游廊向西是先月榭。明代先月榭在池西，可向东隔池欣赏月色，乾隆（1736～1795）年间移至池南。站在榭前平台上北望，南北狭长的锦汇漪景深丰富，池东是知鱼槛、七星桥、桥后的水湾和挑出水面的涵碧亭，池西是鹤步滩、古樟树、潺湲的瀑布和蓊郁荫翳的大假山。沿游廊折回东岸，一路向北，先后穿过郁盘和知鱼槛，东侧墙壁嵌有《寄畅园法帖》碑刻，西侧则可欣赏对岸的假山与矶岸。水池中部因东岸知鱼槛和西岸鹤步滩双双伸向水面而有收束之意。槛北七星桥将池面隔为一大一小，小池东北岸有涵碧亭和清籁廊。过七星桥，北岸为园林正厅嘉树堂。站在堂前南望，景致绝佳，远处锡山之巅上矗立着龙光塔，是为园林借景的经典之笔。

寄畅园的高潮是水池西岸的大假山，沿山共有四条路径。一条在假山东侧，贴山临池，有石桥、滩头和古树等；其西另有一条入山小径。行至山南右转，向西走到尽头，墙下有一洼小池，是园林的入水口，向东潜入地底。循窄路向北沿黄石砌成的山谷曲折前行，可回到嘉树堂前。堂西有小路可登至山顶梅亭，是全园的制高点和收束处。

寄畅园北部山池区的水池偏东，池西聚土石为假山，两者构成山水骨架。假山为黄石间土的土石山，中部隆起，首尾两端渐低，山间的幽谷磴道忽浅忽深。山上树木浓荫如盖，盘根错节，怪石嵯峨。从惠山引来的泉水形成溪流破山腹而入，再注入锦汇漪西北角。水的跌落在磴道中的回声叮咚犹如不同音阶的琴声，故名"八音涧"。

锦汇漪南北长而东西短，于东北角上有出水位。鹤步滩与知鱼槛对峙收束把水面划分为似隔又合的南北二水域，北部七星桥及其后廊桥再分划出两个层次，从而加大了景深。整个水池的岸形曲折多变，水面层

次丰富而显得疏水脉脉源远
流长。

南部起居区有以秉礼堂
和园廊围合出的小池、卧于
介如峰下的方池和与含贞斋
相对的九狮台。九狮台原名

寄畅园水池

爽台，是全园最高处，宜登高望远。台为土堆，外用太湖石包裹堆砌成
型，似有九狮生成，妙趣横生。台之东西各有小径通达台顶，台之北为
绝壁，台之南低矮。台顶上树根嶙峋，巨树阴翳。登台东望，可见池水
荡漾，郁盘清丽。

寄畅园的园林建筑多为一层，但能巧用地势朝向，充分借景锡惠两
山以及周旁的景观。南部有凤谷行窝、秉礼堂、卧云堂三处庭院。秉礼
堂庭院花木婆娑，四季飘香，配以湖石，雅致闲适，韵味十足，院墙有
侧门通听松坊及二泉书院。卧云堂庭院北通锦汇漪，墙下有螭首泻泄来
自惠山寺日月池之山水。西部假山中的建筑仅有飞檐翘角的方亭梅亭；
东部水池周围布置的嘉树堂、涵碧亭、知鱼槛、先月榭、七星桥等朴素
典雅，与环境相得益彰，尤以嘉树堂借景锡山龙光塔，为观赏园景佳绝
之地。

1846 年，为保护古园之树木，秦氏族人编制了《寄畅园树册》，
时有树木 27 种 224 株。中华人民共和国成立后，在恢复园景方面谨慎
地做了大量工作，对植物种类和数量适当增减，其中百年以上的古树
12 棵，乔木、灌木、藤本和地被种类丰富，色彩各异。这些植物与建

筑等诸多园林要素，以及借景入园的锡惠山色共同构成寄畅园古朴奇秀的风景，彰显明代古园的独特韵味。

寄畅园的山水共占全园面积的三分之一以上，建筑

寄畅园植物

布置疏朗，是一座以山为重点、水为中心、山水林木为主的人工山水园。能够充分收摄周围远近环境的美好景色，使得视野得以最大限度地扩展到园外，池东岸远借惠山优美山形之景，池西岸及北岸远借锡山及其上龙光塔，表现出在总体规划、叠山、理水、植物配置等方面的精致和成熟，是江南文人园林中的上品之作。

西林园

明代巨富安国的别墅园林。位于江苏省无锡市锡山区安镇北、胶山南。又称桂坡馆。现遗迹尚有山庄河残段和金、焦二墩。

安国（1481～1534）是明代无锡巨富，安氏居于无锡城外东三十里之处，离安氏住宅二里处有南林园，再离二里许为依胶山而建的西林园。此园规模极大，占了半座山头。山内原有一座几十亩阔的水池，后来安国招募民众挖池凿渠，中为二墩，仿镇江金焦二山，名曰"金焦分胜"。循堤植树，缘崖结亭，廓然大观。又多鱼、芡、菱、蒲之利。至其孙安绍芳（1548～1605）后，又对西林园大加修建，辟三十二景，与天下名士游赏其中。池馆亭榭，得山水之胜，邑志评价西林园为"二

百年以来，东南一名区也"。

　　王世贞为安绍芳作《安氏西林记》，可知园在山水中，有三十二景，景各有诗；张复（1546～约1631）为之绘制《西林三十二景图》册。三十二景分别为瀺潗泉、兰岩、石道、遁谷、晨光坞、层盘、花津、含星濑、鹤径、凫屿、一苇渡、上岛、中洲、渚、息矶、素波亭、虚籁堂、景樾、空香阁、夕霁亭、萧阁、回梁、爽台、荣木轩、雪舫、风弦障、松步、椒庭、沃丘、镜潭、疏峰馆、醉石。三十二景丽于山事者五（兰岩、风弦障、遁谷、晨光坞、瀺潗泉），丽于水事者十四（镜潭、凫屿、上岛、中洲、萧阁、空香阁、景樾、一苇渡、夕霁亭、素波亭、息矶、醉石），兼所丽者三（虚籁堂、椒庭、爽台）。《泰伯梅里志》称西林园"为一邑冠"。

个　园

　　以竹、石和四季假山闻名的扬州古典园林。是扬州现存最为完好的盐商宅园之一，扬州园林的杰出代表。位于扬州市盐阜东路10号，南临东关街，是清嘉庆二十三年（1818）两淮盐业商总黄至筠在"寿芝园"旧址上建成的宅园。黄至筠原名黄应泰，字个园。因以字为园名。又因为"个"是"竹"字的一半，所以园以竹为主要植物景观。同治（1862～1874）年间，丹徒人李鹤亭购

个园竹景

得此园，加以修缮。中华民国初年园归徐宝山，后归江都人朱言吾。20世纪20~30年代在此开办爱国女子学校。抗日战争时期，日军入园。解放战争期间，被国民党军队占用。中华人民共和国成立后，成为公园，"文化大革命"时期成为扬州京剧团所在地，20世纪80年代初大修后开放。现宅园占地2.4万平方米，建筑面积近7000平方米，由北部园林和南部住宅两部分组成，呈前宅后园布局。1988年个园被国务院公布为全国重点文物保护单位，2007年被建设部公布为首批国家重点公园，2014年成为世界文化遗产点。

个园东西长约195米，南北宽约120米，包含住宅和园林两部分。园林位于住宅北侧，入口在西路住宅以北、园林南侧中部。

个园以竹为名，以石为胜。山石传为石涛所叠。分峰用石，以不同石材分别叠成春、夏、秋、冬四季假山。春山在园门前两侧，翠竹丛中插置数根高低参差的石笋，有雨后春笋的意境。夏山在园西北，用太湖石叠成，如同夏云翻卷，倒映入山前水池中。秋山位于东北，由黄石堆叠，气势磅礴，山巅是全园最高点，夕阳西下映照黄石丹枫，倍增秋意。冬山在园南墙下，终年不见阳光，白色宣石假山如同积雪覆盖，西面墙上排列圆筒，风吹发声像寒风呼啸。透过漏窗看到隔墙春景，有冬去春回之意。园中建筑有：抱山楼，体量巨大；宜雨轩、透风漏月轩，装饰精巧；拂云亭、清漪亭、鹤亭、住秋阁，紧扣景观主题。竹类、桂树、松柏、紫藤、红枫、腊梅等植被对四季假山起了充分的烘托作用。巧妙的理水为园林景观增添了活力。四季假山营造四时景色，充分表达出"春山艳冶而如笑，夏山苍翠而如滴，秋山明净而如妆，冬山惨淡而如睡"和"春山宜游，夏山宜看，秋山宜登，冬山宜居"的美学意境。造园风格兼容并蓄，将不同的材质、造型、叠石手法汇于一园，是盐商丰富的社会体验和雄厚的财力支撑共同促生的艺术珍品。

住宅位于南部，坐北朝南，南邻东关街。占地3500余平方米，建筑面积3000平方米。住宅由西、中、东三路建筑组成，前后各三进，各路建筑间以火巷相隔。西路住宅前为清颂堂（大厅），

个园建筑

后为两进二层的住宅楼；中路有汉学堂（正厅，又称柏木厅）及后两进住宅；东路有清美堂（前厅）、楠木厅（后厅）、厨房三进；住宅区最南端有门楼及照壁。整体建筑群规模宏大，布局严谨；单体建筑体量宏敞，用料考究，是扬州盛极一时的盐商文化和民居文化的珍贵遗存。

片石山房

以叠石著称的扬州清代早期私家园林。又称双槐园。园主人是清康乾（1662～1795）年间盐商商总吴家龙。位于扬州明清古城新城花园巷，现为扬州何园的重要组成部分。

现片石山房一般专指何园西南角占地约1100多平方米的园中园。门厅置叠泉，入园，水池前一厅为复建的水榭，栏、楣、隔扇雕刻入微。厅中以石板空间分隔，其一为半壁书屋，另一为棋室，棋室中置一以双

槐园遗物老槐树根制作成的棋台,造型古拙。中间则为涌韵泉,伴以琴台,以南窗框厅外竹石小景为画。琴棋书画,合为一体。水榭在池之南,与假山主峰遥遥相对,面对崖壑流云、茫茫烟水,颇能体现石涛"白云迷古洞,流水心澹然;半壁好书屋,知是隐真仙"的诗意。园中原清代早期楠木厅尚存,深厚端庄。楠木厅西墙为系舟,临池而泊,似船非船,似坞非坞。楠木厅北院东墙上嵌集石涛书"片石山房"砖刻四字。湖石假山基本保持原貌,西为主峰,东作陪衬,精妙古朴,片石峥嵘。山势东起贴墙蜿蜒至西北角,突兀为主峰,下藏石室两间。出石室拾级蹬道而跻其巅,层峦叠嶂,峰回路转,岚影波光,游鱼倏忽,使人可得林泉之乐。在主峰之东,叠成水岫洞壑,以虚衬实,以幽深烘托峻峭,相得益彰。假山上建半亭,名葫芦亭,充满野趣。假山丘壑中的人工造月堪称一绝,光线过留洞,映入水中,宛如明月倒影。全园水趣盎然,池水盈盈。园内新添碑刻,选用石涛诗文9篇,置于西廊壁上。壁上还嵌置一块硕大镜面,整个园景可通过不同角度映照其中。片石山房占地不广,却丘壑宛然,典雅别致,在有限的天地中给人以无尽之感。

片石山房的假山

陈从周认为:"片石山房假山在选石上用过很大的功夫,将石之大小按纹理组合成山,符合石涛画论上'峰与皴合,皴自峰生'的道理,叠成'一峰突起,连冈断堑,变幻顷刻,似续不续'的章法。因此虽高峰深洞，了无斧凿之痕，而皴法的统一，虚实的对比，全局的紧凑，非深通画理又能与实践相结合者不能臻此。"而且"在叠山上复运用了岩壁的做法，不但增加了园林景物的深度，且可节约土地与用石，至其做法，则比苏州诸园来得玲珑精巧"。

片石山房假山作为石涛叠山的"人间孤本"，既是扬州园林叠山技术发展过程中的重要物证，又是石涛山水画创作的重要模型，有着极高的艺术价值。2013 年 5 月，片石山房作为中国园林"教科书"，原样复制到北京中国园林博物馆。

小盘谷

清代中晚期扬州宅园代表，以叠山而著称。位于江苏省扬州市区丁家湾东大树巷 42 号。占地面积 5700 余平方米。2006 年 5 月，被列为全国重点文物保护单位。

小盘谷由住宅、园林两大部分组成。其中，住宅部分由火巷分隔为东、西两路组合，前后主房各五进。园林住宅东部，由复廊、花墙相隔成东、西两园。园内构筑有曲廊水榭、楼阁，又叠奇峭山石，苍岩峰回路转，石径盘绕溪谷。

主大门原八字磨砖门楼及连门楼排房已改建。门楼对面朝北尚存一字形照壁，照壁中所嵌斜角锦方砖大部分仍完好。进入大门，庭院宽敞，青石板铺地。迎面朝南有精美砖雕福祠一座。左折，朝东月门一道，旁置花墙，入内缀以湖石假山，夹以修竹花木，葱绿清新。

庭院朝南磨砖砌筑仪门。三重叠置飞檐六角锦匾墙，门上首额枋中浮雕"双龙戏珠"，形象生动。其龙尾变幻为卷草如意花饰，两下端雕刻对称展翅飞翔蝙蝠。蝙蝠嘴含绶带连绵如意，如意又翻卷成如意云状，大胆夸张，自然自如。额枋两端头雕饰精致如意，卷草花叶丰满，上下围合，在围合中又雕刻银锭一枚、毛笔一支，相互重叠，其寓意"必定如意"。门上两角端平浮雕"琴、棋、书、画"器物。门楼整体显得大气，砖雕雕工技法与造型或为清中期遗存。

从仪门进入为照厅。此路住宅连照厅前后现存老屋共四进。第一进照厅5间。第二进厅堂3楹，面阔12.2米，进深8.85米，建筑面积107.97平方米。厅前两旁置廊，厅堂两侧山墙边各有一条火巷。厅堂上悬有"风清南服"匾额一方，系慈禧太后所题。厅堂后第三进有楼厅上下6间，左右厢房各两间，楼厅后庭院间距开阔。第四进原有花厅4间。第五进披屋3间，已改建。

厅堂西廊接西路住宅。西路住宅前后主房原有五进。第一进从现在"听竹"门入内，朝南5间。第二进从厅堂西廊朝东门额书"迎春"入内，朝南为明三暗五格局，前置步廊。两稍间前小天井筑小花台，植花木。第三进朝东门额书"朝晖"入内，原格局和第二进相同，但两侧厢房已拆。在西稍间原向西又接一套房密室。前有小院一方。现今在稍间向南隔成院墙中开一六角小门入内，门额书"洞天"二字。第四进朝东门额书"向阳"二字入内。西稍间前向南隔院墙中开一葫芦状小门，额题"揽月"。入内小天井一方，朝南小屋两间。第五进原为8间，相隔成两个院落，后拆除改建成新楼房。

园在宅东。园门西向，月洞门上嵌"小盘谷"石额。园分为东西两部分，中以复廊、花窗、假山连为一墙进行分隔。北端墙头倚山建一单檐六角亭，可览两边景色。南偏廊间辟有桃形门洞，又使东西两园相通。园之精华，多在西园。园内苍峰耸翠，径盘水曲，与楼、堂、桥、阁、亭、廊、竹、树，共纳于方寸之地，皆在一泓曲水两岸展开，组合得宜，疏密相间，错落有致，多有盘谷之势。

西园南端，有湖石假山，高下耸峙。山北，朝东有曲尺形花厅，转入厅后方见一深池自厅后逶迤北去，沿着厅后游廊，至一水阁，阁之南、东、北皆临水。花厅水阁隔水与池东石山、走廊、花墙、竹树相对。池上有曲桥通东岸，桥尽即入山洞，洞内空间宽广，穴窦通光，内置石几、石桌，可以茗棋。洞右西向临水，有洞门，可沿阶下至池边。池边近岩壁处水中有步石数块，循此可凌波而至另一洞门。洞内有磴道可上至洞外半山。东有一亭，可赏两园景色，西有湖石假山，临池直上，峰险壁峭，峦起岩悬，高9米余，名为九狮图山。主峰北延山岩临池水口石上，镌刻"水流云在"4字，出于杜甫五言律诗《江亭》："水流心不竞，云在意俱迟。"点明此处山水意境，即心意应如流水白云淡然物外。

小盘谷建筑小品非常有特色。首先，门景多样，有月洞门、寿桃门、葫芦门、花瓶门、六角门、八角门、栅栏门等。特别是寿桃门前，旁置一黑石，状如老寿星，与寿桃门相映成趣。其次，门额题字耐人寻味，有"小盘谷""丛翠""通幽""叙花""云巢""霞韬"等。字体包含隶、楷、行、草、篆书法。此外，窗式多变，有花窗、漏窗、什锦窗，有六角形、海棠形、扇面形、书卷形、口子形等多种。最后，雕刻丰富多彩，有砖雕、木雕、石雕。砖雕有平浮雕、浅浮雕、深浮雕、镂雕、浅刻等，如门旁墀头砖雕凤戏牡丹，凤展翅昂首，牡丹突出墙面，呼之欲出。特别是花厅朝东歇山一组砖雕更是一绝，山尖端头雕展翅蝙蝠，口衔镂空雕饰"圆寿"，寿字下面连接绶带，带串双钱，钱上浅刻"太平"二字。钱下垂双丝结须。圆寿旁雕饰对称麒麟，生动有趣，昂首观"圆寿"，四足与尾化为蔓草如意，其寓意是"麒麟欢庆，福寿双全，太平连年，如意吉祥"。整幅图像构图饱满，浑厚劲健，轮廓清晰，寓意多样，吉祥有趣，可谓是上品之作，不可多得的精品。木雕有圆寿、长寿、寿桃、蝙蝠、如意、海棠、圆光、十字如意、十字海棠、十字套方、十字花饰等。石雕有门枕石，浅刻卍字，连绵不断，亦称路路通。最有趣味的是石刻"水流云在"，若细辨，会发现"流"字少了一点，却是借用滴入崖下之水。

陈从周认为："此园假山为扬州诸园中的上选作品，山石水池与建筑物皆集中处理，对比明显，用地紧凑。以建筑物与山石、山石与粉墙、山石与水池、前院与后园、幽深与开朗、高峻与低平对比手法，形成一时难分的幻景。花墙间隔得非常灵活，山峦、石壁、步石、谷口等的叠置，正是危峰耸翠，苍岩临流，水石交融，浑然一片，妙处运用'以少胜多'的艺术手法。虽然园内没有崇楼与复道廊，但是幽曲多姿，浅画成图。廊屋皆不髹饰，以木材的本色出之。叠山的技术尤佳，足与苏州环秀山庄抗衡，显然出于名匠师之手。"

影　园

明末扬州江南文人园林的代表作。由明代造园家计成主持设计、施工。

位于江苏省扬州市城西二道河中长屿南端，东、南、西三面临水，北遥对蜀冈，四外垂柳拂水，莲荷千顷。其地之胜在于山影、水影、柳影之间。明崇祯五年（1632）董其昌（1555～1636）来扬州，题名为影园。同时期诗人刘侗（1591～1637）则认为园主人"求真悟影，游志林园，以影名园，时俗罕喻"。

园主人郑元勋（1603～1644），字超宗，号惠东，祖籍安徽歙县，祖父郑景濂始迁扬州。郑元勋工诗能绘，年逾三十尚未中举，于是购废圃准备建造园林以奉养老母。崇祯二年（1629），郑元勋参加复社，与当时有影响的文士、名流和复社成员交往颇多。崇祯三年（1630）辑刊《媚幽阁文娱》。崇祯五年（1632），为范文若《梦花酣传奇》题词。崇祯七年（1634），他参加会试又未及第，时又遭丧妻、患眼疾等打击，心情忧郁，其母及兄弟怂恿他以构筑园林来排遣，郑元勋便邀请好友计成前来，开始建造影园。崇祯八年（1635），郑元勋为计成《园冶》作序。崇祯九年（1636），与梁于涘、强惟梁等共结竹西续社。崇祯十年（1637），茅元仪以杜浚、方以智、郑元勋为三君作《三君咏》。同年郑元勋作《影园自记》。

崇祯八年（1635），影园建成后，郑元勋在《园冶·题词》中说："……地与人俱有异宣，善于用因，莫无否若也。即予卜筑城南，芦汀柳岸之间，仅广十笏，经无否略为区画，别现灵幽。"在《影园自记》写道："是役八月粗具，经年而竣，尽翻陈格，庶几有朴野之致。又以吴友计无否善解人意，意之所向，指挥匠石，百不一失，故无毁画之恨。"

园成后郑母至此，说是20多年前曾有一梦，梦中来到一处造园工地，就问他人："这是谁家的园林？"别人告诉她说："是你二儿子的。"如今的景物似乎与20多年前梦中所见一样。因此郑元勋又对园名"影"字作"以梦幻指示予"之解，使影园增添上一层神秘色彩。

据郑元勋《影园自记》记载，影园大门东向临水，"隔水南城，夹岸多桃柳，沿袤映带，春时舟行者呼为'小桃源'"。门内山径数折，松杉密布，高下垂荫，间植以梅、杏、梨、栗。越过土冈，左边设荼蘼架，架外苇丛间有渔庄聚集。其右为小涧，隔涧栽疏竹百十杆，下用不假修饰的小树枝围成短篱。其后是石砌虎皮园墙。往前又设小门二，也用树干为之。取其自然姿态，古朴而有野趣。入古木门，有高梧夹道，再入一门为书屋，此门上悬董其昌所书"影园"匾额。

书屋之侧有一窄径，折而前行，墙上梅枝横出。循径而前，穿柳堤，过乱石堆叠的小石桥，一大顽石横亘于前，折后可抵玉勾草堂。草堂四面皆水，堂内颇为高敞，栏楯、门窗的式样异于常式。坐堂中则池内莲荷，四处柳烟，一派翠色。园外相邻的阎氏园、冯氏园、员氏园的景物尽收眼前。

草堂边临流建小阁，名曰半浮，阁大半架于水上，因而得名。在此可听黄鹂鸣于翠柳之声，也可登上主人准备的名为泳庵的小舟，泛于湖上。草堂前一株西府海棠高达两丈，粗约一米多，为当时扬州花木的珍品。

绕池以黄石砌为高下石磴，大者可坐十余人，小者坐四五人，称为小千人坐。沿岸池中尽植芙蕖，坡岸上有梅、玉兰、垂丝海棠、绯白桃等花木，石隙中栽种着兰、蕙、虞美人、良姜等草本植物。

池畔架曲板桥，穿行于垂柳中。过桥为一院，门上嵌"淡烟疏柳"四字。入门左右曲廊，循廊左行可至三间西向小屋，是主人读书处，碧梧垂柳，浓荫蔽日，夏天不畏阳光又能招来凉风，颇为凉爽幽静。其处还有藏书室、小阁。起初阁颇高峻，阁上能远眺江南诸峰，后因流寇作乱，恐阁为贼所据，于是改为小阁，更有韵味。

庭院中选用太湖奇石，高下散布，循画理而不落俗套。室隅另作两岩，上多植桂树，缭枝连蜷，溪谷崭岩，有淮南小山《招隐士》赋中"桂树丛生兮山之幽，偃蹇连蜷兮枝相缭。山气龍嵸兮石嵯峨，溪谷崭岩兮水曾波"的意境。岩下又有牡丹、西府海棠、玉兰、黄白大红宝珠茶、磬口蜡梅、青白紫薇、千叶榴、香橼等花木，以备四时之色，花后巨石为屏，旁植古桧，造型极佳。

巨石后设小门，门外临水建亭，名菰芦中。"淡烟疏柳"内的另一廊通复道，中临有似小亭的建筑，因其廊水相傍如入眼眉故加三点水曰湄。又因其后接阁古谓荣，所以称其为湄荣亭。

亭后有两条小径，其中一条可通往六角形洞门。门内小院建小室三间，称一字斋。其庭院较宽敞，护以紫栏，华而不艳。阶下有古松、海榴各一株，另建有花坛，以栽种牡丹、芍药。六角形小门对面为一大门洞，大门外是曲廊，廊外柳条依依，时密时疏，尽头见一小门洞，这里是出园的别径。

湄荣亭后半阁，自廊中有阶可上，阁名媚幽，为文学家、书画家陈继儒（1558～1639）题赠，取李白诗作《寻阳紫极宫感秋作》中"浩然媚幽独"诗意。阁三面是水，一面是石壁，壁耸立有千仞之势，上植两松，形态极美。下为石涧，涧中之水自池引入，涧旁巨石仆卧，石隙俱植五色梅，绕阁三面，至池而止。池中孤立一石，其上也有一梅树，入园所见即此。阁后就是玉勾草堂，在阁上能与堂中人说话，但要到草堂却要曲折迂回方能抵达。

影园占地仅为数亩，园景给人无尽之感。这是由于园主人、造园人胸中均有极高的山水造诣，因而对园中一花一石、一亭一廊均审度再三而布置，同时力求园景与园外景色协调，处处显得自然，无斧凿之痕。

影园是计成所筑园林中最晚的一座，是计成整理、总结前人和自己造园经验，完成《园冶》后所筑的园林。影园一扫当时流行的程式，处处体现出新意，仿如山水画卷，古朴而自然。影园的建造是《园冶》中造园理论的具体化，从中还可以发现计成造园理论的新发展。

由于园主人郑元勋的亦仕亦商的特殊地位，影园建成后，成为扬州诗文酒会最为重要的场所。明崇祯十三年（1640），影园中黄牡丹盛开，江宁陈丹衷，上元姜垓，如皋冒襄、李之椿，安徽程邃，江西万时毕，广东黎遂球（美周），扬州梁于涘、王光鲁、顾尔迈，浙江茅元仪等一批文人集于影园参与黄牡丹诗文之会，郑元勋并且征诗于江楚间。诗人冒襄是此次诗文酒会的积极参与者，他在《含英阁诗序》中说："忆前丁卯（指天启七年，1627）与郑超宗、李龙侯、梁湛至（即梁于涘）三公结社邗上，后缔影园在城南水湄。花药分列，琴书横陈，清潭秀空，碧树满目。余与超老络绎东南，主持坛坫，海内鸿钜以影园为会归。庚辰（崇祯十三年，1640）园中黄牡丹盛开，名士飞章联句，余为征集其诗，缄致虞山（指钱谦益），定其甲乙，一时风流相赏，传为极奇。"乾隆《甘泉县志》也曾记载这一传奇性的文化活动，写道："郑元勋别业，尝集名流咏园内黄牡丹。以黎遂球十首为第一，制金觥赠之。"清代李斗《扬州画舫录》卷八称："第一以黄金二觥镌黄牡丹状元字赠之，一时传为盛事。"同年，郑元勋将姜垓、梁于涘、黎遂球等18人黄牡丹诗作辑为《影园瑶华集》，刊刻发行。

　　大约在崇祯十七年（1644）高杰兵乱扬州期间，"影园雕墙画阁一刻变成废墟"。清顺治十七年（1660）左右，扬州人汪楫《寻影园旧址》诗写道："园废影还留，清游正暮秋。"康熙十年（1671）前后，影园遗址已易主人，称为方园。吴嘉纪（1618～1684）有咏方园诗，其中有"影园即此地，何处认荆扉？冷落废墟在，一双新燕飞"。其诗中自注云："壬子（康熙十一年）春，同孙豹人游方园，时堂前牡丹发花一百枝。"乾隆三十五年（1770），郑元勋玄孙郑沄（？～1795）时为内阁中书，十分追思影园情景，请画家王宸（1720～1797）用画笔作《影园图》以了心愿。另据李斗《扬州画舫录》记载，乾隆时期的《扬州府志》《江都县志》两种地方志书对影园遗址所处位置说法都已不同，而董其昌所题门额已经嵌于买卖街萧姓老翁门上。

　　乾隆及其后影园遗址逐步成为庄台，农户和渔民在此居住、种植、养鱼。中华人民共和国成立后，先后作为水产养殖场、苗圃使用。1981年7月，扬州市政府在影园及九峰园遗址处建成南郊水上公园，并开始筹建荷花池公园。1992年8月，正式成立荷花池公园，影园遗址成为城市公园用地。1997年，扬州市园林管理局改造荷花池公园并正式对外开放。1999年4月，扬州市园林管理局召开"影园"建设方案专家研讨会。2001年12月，江苏省建设厅和扬州市人民政府召开恢复性重建"影园"规划方案论证会。孟兆祯、周维权、甘伟林、刘管平、杜顺宝等学者参加论证会，会议通过"恢复性重建影园方案"。2002年12月，建成影园遗址公园，用铺装及断垣残壁的方式表示影园主要建筑玉勾草堂、读书藏书处、媚幽阁、一字斋等，并按历史记载配置植物，部分再现影园历史风韵。

逸　圃

晚清时期，扬州具有代表性的小型宅园。

位于扬州市东关街356号，东与个园相邻，是晚清钱业经纪人李鹤生所建。大门南向，西部为住宅六进。东部前院为园，迎

逸圃

门堂建八角门，上额有隶书"逸圃"二字，入内开门见山，沿东院墙贴壁为山，上建半亭。园北建有花厅、书斋，宅后为藏书楼等。花厅南向，外廊天花皆施浅雕。厅后院落，小轩三间，紫檀罩隔，雕刻精美，屋内

有暗门道登楼直达北面后园。园西楼屋三楹，内有精美镶瓷板绘画槅扇，保存完好。逸圃与苏州曲园相似，都是利用曲尺形隙地加以布置的，上下错综，境界多变。匠师们在设计此园时，利用"绝处逢生"的手法，造成由小院转入隔园，来一个似尽而未尽的布局，这种情况在扬州园林里并不少见，也是扬州园林特色之一。2013年，被列为全国重点文物保护单位。

汪氏小苑

扬州现存最为完整的清末民初盐商住宅之一。

位于扬州市地官第14号，占地面积3000平方米，建筑面积1700平方米。整体布局规整，分为三纵三进，前后中轴贯穿，

汪氏小苑

左右两厢对称，每进门门相对，宅第的四个角落分布着四个花园，住宅与庭院之间，既相互连通，又曲折多变，是晚清、中华民国时期扬州宅园的杰出代表。东纵为中华民国初年扩建，建筑风格中外结合，使用西式吊灯、推拉门、抽插式玻璃窗、黄铜包裹门槛及轨道。东纵第一进为春晖室，室内梁柱、卷棚、几案、屏风、花式玻璃以及老红木、花梨木的壁画边框，用料十分考究。中纵第一进为树德堂，西纵第一进为秋嫁轩。树德堂和秋嫁轩与春晖室功能相同，都是接待宾客的厅堂。汪氏小苑西纵第二进、第三进主要为起居室。小苑北部是仆人居室、浴室、书

斋、后花厅、轿房等配套设施。汪氏小苑最大的特色在于厅前屋后的四个角落辟四个小花园，其中西南角为可栖徙、西北角为小苑春深、东北角为迎曦，使住宅与花园融为一体，既婀娜多姿又曲折多变，与扬州其他宅园园林的格局不同。迎曦、小苑春深为主要园林，以汉白玉月洞门为隔。月门朝东石额是隶书"迎曦"，月门朝西石额是楷书"小苑春深"。月门两边有水磨砖细花漏窗分隔东西两园。园内曲廊幽榭，翠竹千竿，石峰崛起，古柏参天。其他两个小园以假山、植物为主，南面花园的地面为花街石景，以鹅卵石配以砖片、瓦片、瓷片，形成吉祥图案。西南角"可栖徙"有设计独到的船厅，巧妙利用地形，形似狭长的细舟。2013 年，被列为全国重点文物保护单位。

金陵园墅

金陵（今南京）的古代园林。

金陵园墅始于六朝时期，后历经千余年的发展，至明末清初时期达到高潮。明迁都北上之后，南京即为留都，留有大量的闲宦居所。明末经济快速发展，市民文化逐渐普及，影响了文人审美趣味。明清时期南京又有三年一次的江南会试，江南才子都聚于此，人口流动性大，文化交流及娱乐活动多，造成了茶楼、妓业的发达，同时也使得园墅多为社交场所，多具娱乐性。这期间金陵园墅营建兴盛，虽大小规模相差悬殊，但多以文人审美谐趣，于承袭传统之外，又更是因园主个人性情学养、爱好品鉴的不同，自成风貌。

◆ 历史沿革

魏晋时期

南京私家园林在魏晋时期已有记载，有西晋时的"吴郡陆士衡内史机与弟云居金陵读书处"，以及东晋"纪园"（在今乌衣巷）。"纪园"是当时骠骑将军纪思远家宅邸，史料记载"有园池竹木之胜"，是一个初见成型的私家园林。东晋年间，南京还建有司徒王导文举书台、芍药园［亦名药圃、药园，南朝宋元嘉二十三年（446），造楼观，更名为游乐苑］、谢元别墅等。

六朝

自六朝起，私家园林数量相较前朝增长较快，出现了章王巍邸别墅、春涧、郊园、梁简延香园、"山中宰相"陶弘景陶隐居、徐氏小园为代表的一系列私家园林。至南朝宋，王氏园、东山园、养种园和沈氏园舍等私家园林相继出现，有做游赏设宴之用（王氏园等），有做休养居住之用（东山园、沈氏园舍等），私家园林功能逐渐得以丰富。金陵园墅出现。

元朝

及至元朝，通微先生杨志行修筑别墅以讲学《易经》，赋予了宅邸除观赏游玩、居住生活、种植养畜等基本功能之外的功能，进一步为私家园林成为风雅集会场所做铺垫。

明朝

明政府初期崇尚"简质"风尚，严禁邻宅凿地造园。随着社会经济不断发展，到了明中后期，正德（1506～1521）、嘉靖（1522～1566）年间，明政府对民间造园的禁令逐渐宽松，日渐奢靡的生活方式加速了人们对居住游赏环境的提升。据《金陵园墅志》记载，时下私家园林有竹西草堂、此乐楼、乐闲园、太傅园、怡晚楼、凤台园、大隐园等百余，甚至于到南明朝廷建立之后，南京作为留都仍然沉浸在纸醉金迷的浮夸风气当中。当时的园林除了承担园主人的生活起居、社交学习等多种活动外，还成为一种炫耀资本。人们广泛购置、改建、修葺、出售，这种与园子的交互关系容易使人们对私家园林的依恋感降低，这也是除战乱频发外导致私家园林衰败的重要因素。

清朝

清朝时期，私家园林频繁的交易致使很多园林几经易主，部分园主人对园林进行了更名，部分沿用了前朝旧名。清朝南京私家园林中较为著名的有半隐园、塔影园、绿苹湾、香山园、毛竹园、怡园、瞻园、愚园、五亩园等。

清末民初

造园活动的积极性在清末逐渐降低，中华民国时期多数园林易主，历经战争，古迹如洗，截至陈诒绂先生《金陵园墅志》完成，私家园林的新建较少。

◆ 造园要素

园址选择

选址是园林建设进入落地环节的第一步。私家园林选址需要综合考量交通、生活、风水、景色等因素。南京私家园林选址基本可以分为两大类：一类依靠自然环境，选取邻近山川水源之地，借优美自然环境之势；另一类依靠人文环境，包括融入市井街巷或是靠近人文历史景观。总结《金陵园墅志》中关于金陵园墅选址记载，可知南京古典私家园林的选址，主要参考以下几个地域分布：①靠山之地。可选择青龙山、钟山、九华山、东庐山、凤台山、曲句山、冶城山、摄山、清凉山、雨花山等地。②滨水之地。如莫愁湖、玄武湖、乌龙潭、娄湖、秦淮河沿岸以及河流、溪流、桥畔等。③近人文景观之地。如靠近寺庙、台城、其他风景名胜、其他著名园林等。④市井街巷。村落之中、学堂附近或邻近城门之处，可与三五友人聚居，交通便捷、生活便利。

掇山置石

在南京古典私家园林中，一部分园林以山石胜。相较前文对私家园林修建数目的统计，明清时期掇山置石的活动频发，与整体造园风气的风靡呈正比关系。就表格中统计的数据而言，明朝私家园林叠石与掇山数目比为5∶8，清朝时这一数目上升为6∶7。

究其原因，可能在于清朝时期虽有较多新建园林，但极大部分园林沿用了前朝旧址进行新修改建。明朝时期，已有张南垣等叠石大家，假山山体风格已基本成型，不需要做太大的改动，园林主人可将更多的心思放在对珍奇异石的搜集之上。

花木

江南古典园林植物配置以复杂性与秩序性著称，反映了自然界的变化与规律，体现了古典园林与自然密不可分的联系。南京地区常用植物品类有以下几种。

兰花

《越绝书》中有记载，春秋时期，越王勾践种兰花于渚山，2500年间，兰花从山野开到宫廷，又从士大夫的庭院，流传到普通人家。南京古典私家园林中，王氏园"辅喜梅兰竹石"、乐天斋"柏性爱兰，春夏时，芬芳满室"、余园"有五色牡丹，秋兰、海棠尤盛"等。南京私家园林不仅种兰，园建命名也喜用"兰"字，如"兰轩"（日涉园）、"兰亭"等。

竹

中国园林必有竹林，"独坐幽篁里，弹琴复长啸"，幽篁即指深幽的竹林。在自然里，文人们开始思考"真我"，探索自然的哲思，以至于即便是在没有战乱的时代，后人们在钟鸣鼎食中同样追求自然山水、人造自然的环境，住进处于大自然与城市文明之间的园林。而竹林，是这分天地之中，更显幽静的存在。在对竹景的描写中，多运用"幽""隐""深"等字眼儿，可以反映出南京私家园林景观氛围的清雅静谧，以及园主人"以竹明节"的心境。

南京私家园林中，万竹园中"园多修竹"，并直接以"竹"命名；佚园扩万竹园而建，竹林景观"古树深篁，杳然异境"；吴氏园亦在万竹园之地，"多竹与桂"。

莳花与灌木

南京古典私家园林中，有很多关于花卉植物景观的描写，如"花榭水亭""杂莳花木""花木萧疏"等。花卉常种植于竹下或墙根，常用花卉有芍药、牡丹、菊花、萱草、鸢尾、海棠、茉莉、秋葵、鸡冠花、茶、芭蕉等。

乔木

桃、李、杏、梅等蔷薇科植物常植于南京私家园林当中，"梅花弥望""晚香梅萼""杨柳杏花"。除了能够营造花卉乔木景观，并且具有一定经济价值之外，梅花盛开于极寒，内蕴春的希望，遒劲的黑色躯干屹立于皑皑白雪之中，显示了梅花在逆境中的抗争之姿，君子以梅自比高洁而坚强的品格。

自南朝起，南京郊野园兴建，著名药用植物学家陶弘景憩居清凉山陶谷，便种植成片梅花，为南京著名的陶谷六朝梅景。

此外，还有银杏、松柏、合欢、榆、槐、枫树等乔木常用于南京私家园林植物配植。南京有园名曰银杏园，归属于江宁园址，地处鸣扬街，因园内有一株"极其高大，枝柯达于旁巷"的银杏树而得名。

水生植物

南京私家园林植物造景常见水生植物有荷花、睡莲、茨菇、芦苇等。如明二君堂"植竹、莲于此""莲之不曲、不污，以勉诸生，旨亦甚伟"；明遁园"有池可种莲"；明放生书院"莲舫如瓣，鱼泳不惊"；清僻园"池莲、岸柳高下咸宜"；清逸园"红莲绿柳，萦拂水面"等，皆是对园中水生植物"莲"的描述。莲自古表君子高洁气质，"出淤泥而不染，濯清涟而不妖"。在古典园林的建设中，莲既能装点水面，广植以增添水景自然之趣，盆栽以精致院落之景，又能比德君子之品性，表园主人洁身自好的精神寄托。

◆ 意义

基于《金陵园墅志》的考证，南京私家园林历史发展进程从明以前的寥寥数所，至明清之后达百余，这与南京城市发展的社会经济背景和全国文化日渐繁荣大环境的发展不无关系。综合环境、景源、人居、文化、风水等因素，南京私家园林从繁华市井到远郊景区均有布及。南京私家园林选择近人文景观处、近山水景观处、近繁华市井处建园，每种分类下具体的地点选择也会有所偏好，其中依寺庙而建，依乌龙潭、钟山而建，以及建于小巷僻静之地是大类下最受欢迎的选择。就山石花木而言，自梁华林园起，便有对置石的具体记载。由于明代叠山技艺愈趋成熟，匠人频出，并借宋时"花石纲"之余热以得珍奇遗石，园中山石参差嵯峨、造型各异。南京地处亚热带，植物种类丰富，私家园林植物景观通过运用兰、竹，以及其他莳花灌木、乔木等的配植，营造出江南园林"空灵""含蓄"的特质。

中国古典园林的核心是文化，人们将山水哲思进一步提炼后，营建了人与自然结合的山水景观——风景园林。古典私家园林是宝贵文化遗产，深入研究相关史料，有利于进一步了解南京的城市气质与文化内涵，为进一步探讨南京私家园林的保护与建设做了铺垫。园林与文化不可分割，二者相辅相成。保护南京私家园林，对传承历史文脉、增强城市凝聚力、构建和谐社会有着不可或缺的作用。

随　园

中国南京历史名园，清代江南三大名园之一。位于江苏省南京市五台山余脉小仓山一带（今南京广州路之西），面积约 14.7 万平方米。现地面上主体建筑已不存，仅有遗址。被列为省级文物保护单位。旧称隋园。

可追溯至明末的吴应箕焦园。清康熙（1662 ~ 1722）年间为江宁织造曹寅家族园林的一部分。袁枚在《随园诗话》中曾说："曹雪芹撰《红楼梦》一部，备记风月繁华之盛，中有所谓大观园，即余之随园也。"此园后归接任织造府的隋赫德所有，改名为隋园。

乾隆十三年（1748），钱塘袁枚任江宁（今江苏南京）县令时购得此园，并加以改造、扩建。其运用自然地形，因势造景，随其高而置江楼，随其下为置溪亭，或扶而起之，或挤而止之，皆随其丰杀繁瘠，就势取景而莫之夭阏，故取名为"随园"。

随园系袁枚终身寓所，居住 50 年，宅园兼具，鱼米菜蔬足以自给。袁枚殁后园渐荒圮，世代更迭，山峰削平，随园亦无人看管，日就倾废。太平天国（1851 ~ 1864）时期该园被夷为平地，成为农庄。1921 年金陵女子大学永久迁移至随园。中华民国《中央时报》曾报道该园地基面积为二百二十亩五分五厘一毫八钱（约 14.7 万平方米）。随园虽已无存，袁枚所著《随园诗话》《随园食单》仍成为南京的一块文化名片。

随园东抵广州路与上海路交叉路口，西至随家仓、乌龙潭，以清凉山余脉小仓山为中心。园中横贯小仓山，有南北两支，中间低洼，因其势将随园分为东西向北山、南山、中溪三条平行线设景区。北山脊建造居室、书斋、楼台馆阁，并因山坡盘旋上下，不设扶梯踏步；南山（今白步坡）建有半山亭、天风阁；两山之间筑成一条溪流（今广州路址），水源发自西山，向东流至北门桥，水上有闸、堤、桥、亭，水中植荷莲。园门设在东北隅（今青岛路），园东南近五台山永庆寺，西北至汉口路是小香雪海，西南角到乌龙潭是袁氏祖茔，四周并无围墙遮拦。

其主要建筑为宴客所用"小仓山房"，其上有"绿晓阁"供远眺。"南台"是随园中心位置，台上银杏干粗十围，依树构架，称"因树为屋"。园之最高处为"捧月楼"，可全揽园中景色。南山有古柏6株，互盘成偃盖，因之缚茅，称为"柏亭"。小香雪海有梅500株，模拟罗浮、邓蔚。全园主要景点有小栖霞、蔚蓝天、仓山云舍、书仓、小眠斋、柳谷、兼山红雪、盘之中、香界、水精域、回波闸、澄碧泉等二十四景。

《金陵园墅志》谓："因园中四时皆花，益以虫鸟之音，雨雪之景，因之游人不断，盛时年游人量达十余万人，以致户限为穿，每年更易一二次，主人亦听其自由往来，惟绿净轩环房二十三间，非相识不能遽到。"可谓声名远扬。《红楼梦》作者曹雪芹任两江总督府幕宾时亦曾访过随园，故袁枚说"大观园余之随园也"。

瞻　园

南京历史名园，中国唯一的太平天国专史博物馆——太平天国历史博物馆所在地，南京仅存的一组保存完好的明代古典园林建筑群。位于江苏省南京市秦淮区瞻园路夫子庙西侧，占地面积25100平方米。2006

年，被列为全国重点文物保护单位。

瞻园"堂宇阔深、园沼秀异"，尤以湖石著称，明清时期有"梅花坞、抱石轩、老树斋、翼然亭、稊生亭、木香廊、竹深处"等十八景之胜，名噪一时，"竹石卉木为金陵园亭之冠"，与上海豫园，苏州拙政园、留园，无锡寄畅园等齐名。

瞻园园景

瞻园始建于明嘉靖（1522～1566）年间，为明朝开国元勋、第一功臣魏国公（卒后追封中山王）徐达府第的"西圃"。入清改为藩台（布政使）衙署。乾隆二十二年（1757），乾隆皇帝第二次巡幸江南时曾驻跸于此，御题"瞻园"匾额。太平天国时期，这里曾为东王杨秀清王府、夏官副丞相赖汉英衙署和幼西王萧有和王府。中华民国改元，为江苏省长公署、国民政府内政部等。

中华人民共和国成立后，历经了600多年沧桑的瞻园起废兴坠。"太平天国纪念馆"（1961年1月改称太平天国历史博物馆，郭沫若题写馆名）于1958年春迁入，同年6月，时任南京市委书记彭冲亲莅瞻园。1960年初，由园林学家刘敦桢主持，南京工学院（今东南大学）建筑系和建筑科学研究院联合制定了"瞻园总体规划"。一期工程自1960年至1966年2月，耗资9万余元，对瞻园西部进行全面整修，主要恢复清代古建筑静妙堂鸳鸯厅格局，整修明代遗存的北假山，以石包土加固西假山，叠造气势磅礴的南假山，使三座山体及南北水系串连成全园的山水骨架，其中南假山更是以咫尺山林幻化出千岩万壑的上乘之作。1986年，启动瞻园二期工程，以20世纪60年代刘敦桢主持设计的图纸为蓝本，古建专家叶菊华任总设计和监造，于1987年12月完成了瞻园东部籁爽风清堂建筑群、一览阁和草坪、水院区的扩建，新建碑廊以新旧碑20通记录历史沿革、镌刻名人题咏，复建旧构翼然亭、木香廊、竹深处等。至此，瞻园古十八景恢复十之八九，东西瞻园合二为一，成为"宁派"园林艺术的典范。2007年，南京市政府投资1.3余亿元，启动瞻园历史风貌复建的三期北扩工程，由叶菊华担纲，以史料文献和清代界画高手袁江《瞻园图》为蓝本，部分恢复瞻园明清鼎盛时期的历史风貌。工程历时两年，整修延安殿、明志楼等清代古建筑，按旧貌恢复移山草堂、钟阜来青堂、抱石轩、梅花坞、稊生亭等，园区北部新增面积7800平方米，古园新景相得益彰。

几经整修的瞻园整体典雅精致，意境深邃高古。东侧是展区，西侧为园林。展区由所存五进同治（1862～1874）年间重修的清江宁布政使衙署主体建筑组成，格局方正，气势恢宏。其中，三、四进"太平天国历史陈列"生动展示了太平天国运动波澜壮阔的兴衰历程；五进延安殿在清代专用祭祀中山王徐达，现为"明中山王徐达文物史料展"，既是徐达"破虏平蛮""出将入相"的人生写照，亦为表达后人敬仰尊崇之情；其后为明志楼，内有"清江宁布政使衙署文物史料展"陈列，有清代在此为官施政的147任布政使，其中不乏林则徐、托庸、梁国治、琦善、叶名琛等众多名人。西侧园林奇峰叠嶂、曲廊萦回、泉池亭桥、鸟语花香，保留着"园以石胜"的风格特征，宋代花石纲遗物——倚云峰、仙人峰，妍巧名江南。瞻园现为新金陵四十八景之一，园中更有"曲桥幽泉""岁寒梅古""老藤化虬""雪浪寻踪""妙境静观"等新十八景之胜。画家傅抱石、钱松嵒、宋文治、魏紫熙、陈大羽等为之作画；郭沫若、赵朴初、林散之、启功、沙孟海、张爱萍、萧娴等为之书法。园区古典建筑与古树名木掩映如画，名园雅韵与名人逸事辉映成趣，人文景观与文化积淀耐人寻味。

瞻园石奇、水幽、景秀、人杰，既保留了明清园林风格和建筑特色的历史原貌，又汲取了中国造园艺术中南方之秀、北方之雄的精华，兼容并蓄、宛若天成，被誉为"金陵第一园"。

煦　园

南京近代园林。位于江苏省南京市长江路，占地面积约 1.4 公顷。1982 年 2 月，被国务院列为全国重点文物保护单位。又称西花园。

煦园是一座典型的江南园林。始建于 600 多年前，为明汉王府园，后为清朝两江总督衙署、乾隆南巡的行宫花园及太平天国洪秀全天王府内宫花园。曾遭湘军火焚，重建于 1870 年清两江总督曾国藩时期。中华民国时为孙中山临时大总统府、南京临时政府办公场所。

煦园的布局以水为中心。园内山石、水池布置精巧，植物与建筑辉映成景，清水碧潭，翠竹苍松，悠然如画。荷花池形如花瓶，底在南，口于北，寓太平之意。东榭西楼隔岸相望，南舫北阁遥相呼应。

荷花池石舫系 1764 年清两江总督为迎乾隆皇帝所建，具北方风格、形如船舫，卷棚屋面，大块青石砌筑船体。甲板以上为红木制作，精雕细刻，堪称江南一绝。乾隆皇帝赐题"不系舟"匾额。正北端环水小岛上，坐落着古典园林建筑——漪澜阁。石栏围绕，栏上刻着十几只造型生动的小石狮。阁正面为屏风式门，雕有瓶、鼎图案，寓"平等"之意。池东水榭"忘飞阁"构筑十分精巧。屋顶两角戗脊上刻有一枝卷曲绽放的梅花木雕，梅枝上立有两只喜鹊，曰"喜鹊登枝"。江南名楼"夕佳楼"隔水相望，红日西斜时，阳光满楼，景色绝佳。园西有一所花木葱翠的宁静小院——西花厅，1912年孙中山在南京就任临时大总统时，曾将这里作为其办公室。园中央的花厅"潇湘馆"向北接出一段，被辟为戏台。因馆四周植有数棵青桐而得名的桐音馆等三楹古建筑，也都装饰精美。馆与馆之间是假山石群。山中有洞，洞洞相通，高低起伏，峰回路转，如入迷宫。清道光皇帝御笔所书"印心石屋"刻于假山中部的须弥座上。此外。园内回廊、诗碑、方胜亭、望亭等诸多景点由繁花茂叶相衬相配，步移景异。

近 园

清福建延平道按察司副使杨兆鲁所建私家园林。位于江苏省常州市钟楼区化龙巷18号，占地面积5亩。2013年，被国务院列为全国重点文物保护单位。又称复园、静园、恽家花园。

近园

　　始建于清康熙（1662～1722）年间，是福建延平道按察司副使杨兆鲁（顺治九年进士）病退回乡购地（含部分明末恽氏旧园）所建，取"近似乎园"之意，遂命名近园。同治（1862～1874）初园归刘氏，光绪（1875～1908）初又归恽氏，改名复园、静园，又称恽家花园。近园为明末清初的古典园林的重要实例，被视为江南园林的明珠。1982年被江苏省政府公布为省级文物保护单位。300余年来，虽周边建筑略有改观，但总体布局始终未变。

　　近园居中"西野草堂"前凿池叠山，假山在水池（鉴湖）中间，黄石叠砌亭榭，其他建筑依山而建。"见一亭"伫立假山之上，左面"天香阁"，右面"安乐窝"。临池有"得月轩"，园西有围廊连接北边的"秋水亭"。

近园西野草堂

东侧岸边有"虚舟"伸出水面，过虚舟进入"容膝居"，从这里通过一座小巧的石拱桥登上假山，盘行而上，有"三梧亭"，亭下有"垂纶洞"，曲径通幽，移步换景，妙趣横生。园内广植树木，高柳疏榆，紫薇翠柏，玉兰芭蕉，景色悠然，构成山野小憩之所。

　　近园为名人荟萃之名园。清初文人恽南田、王石谷、笪重光、方邵村、龚百药、董文骥等曾雅集于此，由杨兆鲁作《近园记》，恽南田书石，王石谷作《近园图》，笪重光题跋，一时传为佳话。东廊内墙上还嵌有书条石37块，其中有雪浪洪恩、何焯等撰书，弥足珍贵。

乔 园

苏北最古老的私家园林。位于江苏省泰州市古城的核心区域，占地面积1.2万平方米。旧称曰涉园、三峰园。

乔园东起打笆巷，西至海陵南路，南起八字桥东街，北至税务桥东街。该园为明代陈鸢旧居，其孙陈应芳于明万历（1573～1620）年间修缮此园，名"日涉园"，取陶渊明归去来辞中"园日涉以成趣"之意。清嘉庆时更名为"三峰园"，后为两淮盐运使乔松年所有，遂称"乔园"至今。

乔园历史可上溯至明万历年间，按当地文献《吴陵野纪》记载："三峰草堂，为日涉园旧址，陈兰台退居之所也。园归高麓庵太守凤翥，以其中有石笋三，乃易名曰三峰园。迨吴观察莲芬赁居其间，始额其室曰三峰草堂，……吴去后，乔中垂居之，旋亦凌替。"作为苏北地区现存最古老的园林，乔园400余年来虽数易其主，却一直作为地方大吏的居所。其间园主更迭，几度兴废，因其各自境遇心态之不同，各园名、景致也多有变化，今存部分已远非全貌。

乔园航拍图

乔园以山响草堂为中心，南部凿池叠山以成主景，北部辟有庭园。草堂前，池水蜿蜒，山石环抱。核心景区保留原园整体风貌，有山响草堂、因巢亭、缦汲堂、松吹阁等厅堂楼阁。次景区在园内西部，有来青阁、皆绿山房、蕉雨轩、午韵轩、石林别径、二分竹屋等景点，和核心景区以院落相隔，通过来青阁连接两大组团。其中西部庭园与住宅部分相连，起过渡作用，东部庭园以山响草堂为布局中心，草堂前凿池叠山并正对"三峰"构成主景。后部隔一小园，绠汲堂居高正对山响草堂，方正、严整，又别具曲笔。

"小园虽陋，而嘉树可誉，青土苍官，胜于绮阁雕萝多矣。"乔园构思巧妙，布局小巧、紧凑，园内石谷林泉呼应成趣，楼阁轩亭相映生辉，花草松竹点缀其间，层次分明。

乔园楼阁轩亭

乔园注重花木配置，各建筑物的命名也与花木配置有关，如二分竹屋、皆绿山房、松吹阁、因巢亭、蕉雨轩、文桂舫等。核心景区以乔木为主，假山之上重点突出古柏；松吹阁、因巢亭等高阁旁多辅以高松、梅林；山坳后隐藏竹、屋，庭前后栽腊梅丛桂，轩周围植以牡丹、芭蕉，可适应四季景色的变化。

上海私家名园

嘹城秦园

位于上海市嘉定南大街 272 号，东起南大街，西迄彭家弄，北起张马弄，南至塔城路。核心面积 10 亩（6666.7 平方米），园宅 14 亩（9333.3 平方米），宅外土地 14 亩，共占地 38 亩（25333.3 平方米）。民间俗称秦家花园，简称秦园。嫑城是上海嘉定区的别称。

据传，秦家花园前身是明朝末代皇帝崇祯的丈人周奎的私家花园，又叫"国丈花园"。明清易代"嘉定三屠"，经历史大变动后，周家败落，花园转于张氏。清乾隆年间，国子监生秦荷从张氏手中购得花园。当花园传到秦荷孙子秦溯萱时，花园进入全盛时期。此后，秦家六代曾居于秦家花园。

秦家花园景色非常优美动人，被称为"嫑城之冠"。清朝有一士人在同治时期写了一篇"嫑城秦园"的文章，详尽描述道光时期秦园的湖光山色、奇花异石、亭台楼榭、诗词楹联，称"余又遍游嫑城，虽别园数处，总不若此园一处"。

秦家花园有二山三池。大水池位于园的北部，池中植荷花，多为白荷，泊置采莲小舟，蓄鸳鸯白鹭戏水，夏日晚间荷风纳凉，微风袭人。池旁植柳，树下隙地栽垂丝海棠、凤仙花、鸡冠花、秋葵，又组一景。此时，若人站在曲径，可观垂柳绿帘，南望牡丹、芍药台，北望荷花，颇有逸景。

大水池西有方石桥，池水经桥西流至燕子矶、挹翠亭，池西南有河滩即钓鱼所，池北水边有一别致六角三间"纳凉亭"。

"小曲石池"位于东山坳，池中浮三曲石桥和石舫。池东小假山上植天竺及鸟不宿等花灌木。池北植桂花，且有方亭（攀月馆）、石胡同、龙墙、放鹤亭等建筑体现山林之风景。

"小墨池"位于小山堂东、曲槛亭南，亭北壁镶有石碑，镌刻嘉定明朝四先生之一娄坚手迹"小墨池"及落款。小墨池之东为梅园，之南为碧桃园。

大假山位于大水池之北，东侧建有方亭、石级，石级下为园亭，并与走廊连接园中主要景点。大假山上绿树丛丛，北有银杏林和高大乔木枫杨、黄连树。据嘉定区园林所统计，秦园旧址上保留着5种共14棵古树名木，即银杏5棵、三角枫4棵、枫杨3棵、松柏1棵、榉树1棵。

三竖一横"山"字形西假山位于大水池西南，山字形假山被称为一绝。西假山中间一竖遍植松柏，并置假山石景和赏雪亭，亭下有山洞，东可至旱船，西可至"怀古草庐"。庐旁多奇石异花，并有一石径可通旱船。西假山南侧为竹园，竹园南为小山堂。嘉定流传着民谣"朝朝城隍庙，夜夜小山堂"，意指这两处均有戏看。

秦家花园之假山可谓怪石怒立，竖像似"福禄寿"三星，旁卧石如狮像，砌碎石也精巧、形美，成为秦园重要组景。加之龙墙上缠绕的朱藤、金银花等爬藤植物，更显绿色玲珑。园内花台植牡丹、芍药。牡丹花巨如盆，开花时璀璨繁锦，配植芍药，五色璨烂。月季花红白杂黄，可爱逗人。秦园四时花卉衬托整个环境，还显其园林之盛。

由于社会的变迁，秦家花园渐遭破败。秦园先后驻扎过小刀会、太平军、清军，抗日战争时又被日本人占有。中华人民共和国成立后，先后改为嘉定博物馆、县教育局所在地。1962年改为县少年宫，1993年后改为嘉定区人民政府会议中心、嘉定报社、嘉定区红十字会等办公地点。

豫 园

中国上海五大古典园林之首。位于上海市老城厢的东北部，北靠福佑路，东临安仁街，西南与上海老城隍庙毗邻。豫园是著名的江南古典园林，闻名中外的名胜古迹和游览胜地，全国重点文物保护单位。

豫园原是明代的一座私人园林，始建于嘉靖、万历年间，距今已有400余年历史。园主人潘允端曾任四川布政使，其父潘恩字子仁、号笠江，官至都察院左都御史和刑部尚书。明嘉靖三十二年（1553），长达九里的上海城墙建成，使东南沿海的倭患逐渐平息，20余年来生命财物经常受到威胁的上海人民稍得安定，社会经济得到恢复并开始繁荣。士大夫们纷纷建造园林，怡情养性，弦歌风月。潘恩年迈辞官，告老还乡，潘允端为让父亲安享晚年，自明嘉靖己未年（1559）起，在潘家住宅世春堂西面几畦菜田上，聚石凿池，构亭艺竹，建造园林。经过20余年苦心经营，建成豫园。"豫"有"平安""安泰"之意，取名"豫园"，有"豫悦老亲"的意思。豫园当时占地46667平方米，由明代造园家张南阳设计，并亲自参与施工。整座园林规模宏伟、景色佳丽，体现江南园林建筑艺术特色，曾被誉为"奇秀甲于东南""东南名园冠"。明朝末年，豫园为张肇林所得。其后至清乾隆二十五年（1760），为不使这一名胜湮没，当地的一些富商士绅聚款购下豫园，并花20多年时间重建楼台，增筑山石。因当时城隍庙东已有东园，即今内园，豫园地稍偏西，遂改名为西园。

清道光二十二年（1842），第一次鸦片战争期间，外国侵略者入侵上海，英国军队强占豫园，大肆蹂躏。清咸丰三年（1853），上海小刀会响应太平天国运动，在上海发动起义。起义失败后，清兵在城内烧杀抢掠，豫园被严重破坏，点春堂、香雪堂、桂花厅、得月楼等建筑都被付之一炬。清咸丰十年（1860），太平军进军上海，满清政府勾结英法侵略军，把城隍庙和豫园作为驻扎外兵场所，在园中掘石填池，造起西式兵房，园景面目全非。清光绪元年（1875）后，整个园林被上海豆米业、糖业、布业等20余个工商行业所瓜分，建为公所。至中华人民共和国成立前，豫园亭台破旧，假山倾坍，池水干涸，树木枯萎，旧有园景日见湮灭。

1956年起，豫园大规模修缮，历时5年，于1961年9月对外开放。

豫园占地30余亩，楼阁参差，山石峥嵘，树木苍翠，以设计精巧、布局细腻、清幽秀丽、玲珑剔透见长，具有小中见大的特点，体现出明清两代江南园林建筑的艺术风格。

◆ 三穗堂景区

三穗堂是清乾隆二十五年（1760）改建西园时所建，高9米，是园中的主要建筑之一。"三穗"出典于《后汉书·蔡茂传》中"梁上三穗"的故事，寓有吉祥之意。

三穗堂景区还有：①大假山，江南地区现存最古老、最精美、最大的黄石假山。山高约14米，由明代叠山家张南阳设计，用数千吨浙江武康黄石堆砌而成，也是他唯一的存世作品。②萃秀堂，建于清乾隆二十五年（1760），深隐于大假山北麓，面临峭壁，北倚高墙，古木交柯，佳卉盈庭，环境清幽淡雅，静坐堂中，推窗便可近观大假山景。③太湖石立峰，竖于廊中间，高约 2.3 米，亭亭玉立，故名"美人腰"。游廊石板铺地，中为小桥，两侧有鹅项靠，可以坐观山光水色。④元代铁狮，位于"渐入佳境"游廊前。左雌右雄，铸造于 1290 年，底座上有款识"章德府安阳县铜山镇匠人赵璋""大元国至元廿七年岁次庚寅十月廿八日"。⑤仰山堂、卷雨楼，位于三穗堂后，为两层楼阁，下为仰山堂，上为卷雨楼，建于清同治五年（1866）。仰山堂为五楹，北有回廊，曲槛临池。卷雨楼名取自初唐诗人王勃《滕王阁》诗句"珠帘暮卷西山雨"之意。⑥江泽民题词石，1999 年 5 月 18 日，庆祝豫园肇建 440 周年题"海上名园"。

◆ 万花楼景区

万花楼景区主要有：①银杏，树高达 21 米，枝叶茂密，刚健挺拔，相传为建园时园主人手植，已 400 多年。②万花楼，精雕细镂，造型美观。楼下四角有梅兰竹菊图案漏窗四幅，楼南面有湖石假山。四周多回廊曲槛，廊旁白色粉墙边，依墙缀以石峰，栽植翠竹。③复廊，中间用墙分隔，两边皆可行走。墙上开设着形状不同的漏窗，从漏窗中左顾楼台掩映，右望溪流峰石，宛如图画小品。廊西端连以方亭，亭中有匾，上题"会心不远"。④两宜轩，位于复廊东端，在这里探首俯视则清泉如镜，隔崖相望则石峰壁立，面山对水，有古人"观山观水两相宜"的情趣，故名两宜轩。北面有建筑名亦舫，形状如古代的船舫。⑤鱼乐榭，"鱼乐"两字出典于《庄子·秋水》，蕴含着园主人对庄子的仰慕和避世隐逸的心情。建筑精致，小巧玲珑，周围古木参天，绿荫如盖。榭前小溪长仅数丈，隔水花墙把小溪隔而为二，墙上开设漏窗和半圆洞门，给人景深悠远之感。

◆ 点春堂景区

堂名出自苏轼词句"翠点春妍"。点春堂建于清道光初年，曾为福建籍花糖洋货商人在沪祀神议事之所，俗称"花糖公墅"。小刀会起义时，这里是起义军城北指挥部，称"点春堂公馆"。起义失败后，点春堂遭到严重破坏，清同治七年（1868）集资重修，历时四载完工。建筑为五开间大厅，槅扇上雕戏文人物，梁柱花纹造型奇特，饰以金箔，色彩鲜艳。堂后有临池水阁，上有匾额曰"飞飞跃跃"。

点春堂景区还有：①和煦堂，与点春堂隔水相望，呈方形，周围开敞。堂内陈列的桌、椅、几和装饰用的凤凰、麒麟等家具，都用榕树根制作，已有上百年历史。旁有石磴通向听鹂亭。②打唱台，也叫"凤舞鸾吟"。戏台依山临水，半跨池上，建筑精致，藻饰华丽。尤其是台前的垂檐，雕刻细腻，涂金染彩，工丽精巧，金碧辉煌。戏台四面的石柱上，分别有描绘春夏秋冬四季景色的对联。③快楼，点春堂东南有湖石假山抱云岩。山上有双层楼阁，上层名快楼，登楼眺望大假山和豫园全景，胸襟快畅，故名；下层称延爽阁，雕栋画檐，颇为精致。从快楼朝南而下，还有静宜轩、听鹂亭，周围绕以花墙，自成小院。④穿云龙墙，位于点春堂西，龙头用泥塑成，龙身

穿云龙墙

以瓦作成鳞片，龙首威武，龙身蜿蜒。园中另外还有几处龙墙，大假山后有卧龙，和煦堂西有双龙戏珠，内园"可以观"前有眠龙，各具特色。

◆ **会景楼景区**

会景楼景区主要有：①会景楼，位于豫园中央，登楼一望，全园景色会于眼底。楼三面环水，周围栽着香樟、石榴、紫薇、红枫、罗汉松等许多树木，景色宜人。②积玉水廊，南连会景楼，北达涵碧楼，因廊旁一石"积玉峰"得名。廊长达百米，是江南古典园林中最长的一条水廊。③三曲桥、流觞亭，因其两面临水，取《兰亭序》"流觞曲水"之意。亭侧有三曲板桥，贴水而筑。桥西是浣云假山。山以湖石堆成，北倚得月楼，西临清泉。水中假山倒影与彩云浑然一体，和风吹拂，如洗白云于水中，如染假山于云间，故取名曰"浣云"。④九狮轩，一敞开式建筑，面临大池，前置月台，可凭栏观赏池中游鱼荷花。⑤老君殿，旧时供奉太上老君。

◆ **玉华堂景区**

玉华堂景区主要有：①玉玲珑，一座太湖石立峰，与苏州瑞云峰、杭州绉云峰并称江南三大名峰，姿态婀娜，具有皱漏瘦透之美，是豫园的镇园之宝。据说石上原镌刻"玉华"两字，意为石中精华。石前一泓清池，倒映出石峰倩影。石峰后有一面照墙，背面书"寰中大快"四个篆字。据记载，玉玲珑为宋代"艮岳遗石"之一。明代，玉玲珑置于上海浦东三林塘储昱南园中。储昱女儿嫁给潘允端弟弟潘允亮，建造豫园时，潘家把玉玲珑移来。②玉华堂，系明豫园主人潘允端为便于朝夕观赏玉玲珑所建书斋，堂以玉玲珑石上"玉华"两字命名。现堂内仍按明代书房摆设，陈列着书案、方桌、靠椅、躺椅等珍贵的明清红木家具。

③得月楼，玉玲珑西有"衬玉玲珑"圆洞门，进门为一座两层楼，因楼西近荷花池，取"近水楼台先得月"之意，故名得月楼。楼下大厅名绮藻堂，取"楼台近水，水面风来，水波如绮，藻采纷披"之意。④环龙桥，位于玉玲珑南，用青石建造，单孔拱形，式样古朴。⑤藏书楼，又名绿杨春榭、书画楼，上海书画名家曾在此组织"豫园书画善

得月楼

会"，是海上画派发源地。中华人民共和国成立后，上海书画家多次到豫园书画楼雅集，切磋书画艺术，并为书画楼题额。⑥织亭，因供奉过古代纺织家黄道婆，根据《诗经·小雅》"跂彼织女"句而得名。由此西望，可见绿波池上的九曲桥、湖心亭。⑦听涛阁，位于积玉水廊东，坐北朝南为两层建筑。"听涛"取此处临近黄浦江，涛声似可闻听之意。其南部下为抱厦，上为雅室。其顶上塑一单腿独立的仙鹤，隔池南望涵碧楼。⑧涵碧楼，隔池与听涛阁相望。"涵碧"一词取宋朱熹"一水方涵碧，千林已变红"诗意。为两层建筑，全部木构，材质为缅甸上品楠木。梁坊上雕刻了100种花卉图案和40幅全本《西厢记》故事图案，故该楼又称"楠木雕花楼"。楼中陈列着清代31件楠木雕花厅堂家具，设计和雕刻皆极为出色，都是弥足珍贵的古典家具精品。

◆ 内园景区

内园景区主要有：①古戏台，建于19世纪末，坐南朝北，雕梁画栋，藻饰精美，被誉为"江南第一古戏台"。戏台7米见方，左右两边有栏杆，台柱高约2米。台正面有狮子、凤凰、双龙戏珠、戏文人物等木雕图案，全部贴有金箔。戏台顶部的藻井呈穹隆状，上有22层圆圈和20道弧线相交，四周28只金鸟展翅欲飞，中心为一

古戏台

面圆形明镜。戏台后部有六扇木屏门，门上雕有山水、人物、花草图案。②船舫，位于内园假山上，亦称"不系舟"，为一旱船，船头前铺地砌成波浪状，如行水中。③耸翠亭，位于船舫南，为双层双顶亭，造型独特，在苍翠的林木之中耸立于假山之上。④观涛楼，三层全木结构高楼，昔有"小灵台"之称，清时为上海最高建筑物，登高可望见黄浦江。⑤可以观，方形小厅，厅前有砖雕，旁有龙墙，北接"洞天福地"、凤凰亭，南连"别有天"。"别有天"处还有《重修内园记》等五块石碑。⑥九龙池，院中池水通向南面小池，池内砌湖石，石隙间有四条石雕小龙，而水中倒影亦为四条，加上蜿蜒的池水酷似龙身，共为九条，故名九龙池。⑦静观，静观大厅，亦称晴雪堂，是内园的主要建筑。面对假山，取古语"静观万物皆自得""动观流水静观山"之意。对面林立的奇石，堆叠多姿。⑧内园，建于清康熙四十八年（1709），20世纪50年

代末修复豫园时，把内园与豫园相连，成为园中之园。内园面积仅二亩一分八厘六毫，但十分精致，亭台花木，池沼木石，是保存较好的清代小园。

古猗园

中国上海五大古典园林之一。位于上海嘉定区南翔镇，建于明代嘉靖（1522～1566）年间。

古猗园初名猗园，为时任河南通判闵士籍所建，取《诗经·卫风·淇奥》"绿竹猗猗"和嵇康《琴赋》"微风余音，靡靡猗猗"之意，取名"猗园"。由明代嘉定竹刻名家朱三松精心设计，当时有"十亩之园，五亩之宅"的规模，内筑亭、台、楼、阁，立柱、椽子、长廊都刻有千姿百态的竹景图案。后转让贡生李宜之。清乾隆十一年（1746）冬，洞庭山人叶锦购得后，大兴土木，修葺装点，于1748年秋竣工，因改朝换代，更名为"古猗园"。乾隆五十三年（1788），由地方人士募捐购置古猗园，作为州城隍庙的灵苑。同治至光绪（1862～1908）年间，园内增建厅、堂、庵院，开设酒楼茶肆，作为祀神集议和游览休闲的场所。中华人民共和国成立后，古猗园历经多次改扩建。2009年，经过园区改造和东扩建设，全园面积达到99900余平方米。

全园分为猗园、花香仙苑、曲溪鹤影、幽篁烟月4个景区，各具独到精巧的艺术构思，散发着古朴、素雅、清淡、洗练的气质。园内保存有唐代经幢、宋代普同塔、南厅、微音阁等文物和历史遗迹弥足珍贵，同时独具竹、梅、牡丹、荷花、睡莲等园艺特色。园内举办的"竹文化节"和"荷花睡莲展"是沪上知名的公园活动品牌。

古猗园宅前屋后、石旁路边、临水驳岸以及粉墙等处都点缀有三五丛竹,与建筑、道路、假山、花木相映成趣。占地24642平方米的竹

猗猗绿竹

园——青清园,种植有紫竹、淡竹、孝顺竹、凤尾竹等各类竹种,其中不乏龟甲竹、佛肚竹、香妃竹等名贵品种。利用竹的不同品种、形态和体量,运用造景手法,塑造出相拥成

荫的竹径、起伏多变的竹丛、竹石结合的竹石图等。竹与建筑、小溪相结合,配以曲折、蜿蜒的花石小路,构成"竹径通幽"的景观意境,形成自然、宁静、清雅、幽美的园林空间。

园内的园艺布局,自明代起就以戏鹅池为中心。清代至中华人民共和国成立后的历次修复和拓扩均注重挖河理水,使园林以水为主,相映园景。园内的水与外隔绝,但在百亩之园中,有千米长的溪流。以方池和狭长形的水面形态贯通全园。后期向东扩建的景区亦凿池引水,建亭架桥,池中设岛,曲径通幽,新老景区之间的水体布局,都体现"风度猗园竹影静,水依殿霭石幢高"的意境。

园内的建筑以明清两代为主,建筑结构或古朴庄重,或纤丽精巧,粉墙、黛瓦、花窗、墨柱,处处体现中国古典建筑的特点。园内逸野堂、梅花厅等主要建筑造型秀美精致,既是风景点缀,又是观赏风景和遮风避雨休息之处。这些亭台楼阁多临水而建,与水景配合,体现了"亭台

到处皆临水，屋宇虽多不碍山"的意境。同时，园内厅堂、亭廊连片相接，布局上曲折多变，漫步其间以花窗透视窗外景色，庭院深深，富有诗意。

园中的匾额、楹联多出自名家之手。如"不系舟"为祝枝山所题，"古猗园"匾额由胡厥文所题，逸野堂里有董其昌的"华岩墨海"，"缺角亭"是当代胡问遂的墨宝。匾额不仅承载着各时期名家书法的精妙绝伦，文字深刻内涵更发人遐想。"白鹤亭"使人联想到南翔镇的由来；"微音阁"意即发出微音，体现地方知识分子在黑暗中奋起的民族精神。古猗园的楹联对景点描述言简意赅，韵味深远，读来琅琅上口，引导游客览景生情。如"不系舟"楹联"十分春水双檐影，百叶莲花七里香"（清，廖寿丰）；"南亭"楹联"月来满地水，云起一天山"（清，叶长春）；"梅花厅"楹联"池馆清幽多逸趣，梅花冷处得香遍"（陈从周）。

不系舟浮筠阁

白鹤亭

园路随建筑、植物、山石、湖泊、溪流的布局曲折绕行，依地形起伏而自由变化，路面花纹的安排和材料的选择因地段而异，富有情趣并加强视觉效果。厅堂前、亭廊周围多采用黄石、青石、青砖、青瓦、缸片、碗片等多种材料铺成精致花纹图案，如梅花厅周围地坪，铺设梅花形状图案，意喻脚踏梅花；而逸野堂四周地坪中嵌以"八仙"图案，喻示步入仙境。

醉白池

中国上海五大古典园林之一。位于上海松江区人民南路64号，东邻榆树头，南临人民河，西靠人民南路，北近松汇路，占地5万平方米。

醉白池原址为宋代松江进士朱之纯私家宅园"谷阳园"。清顺治至康熙（1644～1722）年间，工部主事、画家顾大申在旧园址上重建园林，效仿宋宰相韩琦仰慕白居易，将此园命名为"醉白池"。

1959年初，松江县人民委员会征地60亩扩建外园，加上原有内园16亩，内外两园合计达76亩，同年10月1日对外开放。1961年秋，宝成楼由松江博物馆筹备处开辟历史文化陈列室。1979年，恢复"醉

赏鹿苑

白池"原名。1980年1月，市园林局新辟玉兰园、赏鹿苑、盆景园、前后赤壁赋碑廊、砖雕照壁等，并将雕花厅、读书堂迁入园中。2000年，翻建新园西大门仿古建筑及醉白酒楼，使新园与旧园融为一体。

2010年，轨道交通九号线醉白池站施工，临时使用醉白池儿童园部分绿地。2014年，项目竣工归还绿地。原儿童园调整为牡丹苑和绿荫停车场。

2012年6月，市、区两级政府出资改造醉白池公园，2012年9月竣工。改造后的盆景园分为山水盆景园和树桩盆景园，以中国传统风格为主，利用廊亭、景墙、水池等营造移步换景的效果。

醉白池为池名，又以池为园名。布局手法以池作全园中心，池仅900平方米，夏有荷花，秋有明月，一碧涟涟，欢鱼跳波。园中建筑采用自然布局手法置于池的四周，互为对景，起到步移

醉白池周边园景

景换的效果。池周内外各八景，使其空间环环套接，庭院的时空连续变化，产生小中见大的感觉。

醉白池有内八景和外八景，内八景有池上草堂、四面厅、疑舫、花露涵香、莲叶东南、邦彦画像、半山半水半书窗、卧树轩；外八景有雪海堂、乐天轩、旧门雕梁、宝成楼、前后赤壁赋、仓房碑刻、雕花厅、读书堂。

池上草堂为清宣统元年（1909）建，堂名取白居易《池上篇》意。堂前乔木参天，怪石布岸；堂后树荫蔽日，流水通池；堂内明清桌椅案几，古瓷插屏。

池上草堂

四面厅为明代建筑，因四面贯通，故名。厅前古樟寿达300余年，浓荫蔽日，生机勃勃；厅后百年

古藤盘绕，具有古朴之风。

疑舫为明代建筑，清光绪二十三年（1897）重修。该建筑北面伸入池中，似池中之舟，故名。

花露涵香又称小湖亭，系嘉庆（1796～1820）年间所造。因该亭西北边植有两棵百年紫色牡丹，每逢谷雨，牡丹盛开，亭中花香扑鼻，故名。

莲叶东南又称大湖亭，也是嘉庆年间所造。醉白池里种有荷花名种"一捻红"，尤其"并蒂莲"荷花更引人喜爱。

邦彦画像。长廊墙上嵌列着30块石碑，上面刻着明代松江府91位人物画像，由清代乾隆（1736～1795）年间绘像大师徐璋精制。

半山半水半书窗为光绪二十五年（1899）建。六角湖亭，一半倚于池岸，一半悬于池上，亭的东部无窗，故名。

卧树轩又称老树轩，1926年建，当时有一古女贞树倒卧轩旁，故名。轩为半面坡形建筑，前有长廊贯通南北。

雪海堂系宣统元年（1909）建，因前后广植梅花，一片雪海，故名。堂面阔五间，厅前置2米多高青石狮一对。

乐天轩系1927年拆去旧有茅亭而建，其名取自白居易的字。乐天轩北墙南扉，气宇轩昂。

旧门雕梁为明清醉白池大门旧址，与今园门呈东西反方向。门厅三间七架，梁枋饰以花卉线刻，檐下额枋雕刻。

宝成楼系在明代住宅基础上改建。为园内住宅楼，上为闺房卧室，下为主人迎送宾客厅堂。

前后赤壁赋系赵孟頫手书，为双面石刻。原砌于四面厅，"文化大革命"期间，被护园人员隐藏于宝成楼后院夹墙中，1986年取出置于宝成楼南碑廊上。

仓房碑刻。光绪二十五年在池南圆洞内建仓房，为善堂田产粮仓。1983年改为碑廊，陈列明方孝孺手书"正心诚意"、董其昌手书"韩范先声"等碑。

雕花厅。清代后期建筑。原系明代书法家张弼后裔张祖南宅，原址松江西塔弄，1984年迁入新园。厅堂梁枋与门窗上精镂细雕全套《三国演义》等浮雕图案。

雕花厅

读书堂。光绪三十四年（1908）翻建于松江东门外。原为文学家方孝孺儿子书房"於氏读书堂"，翻建后称"迎素堂"。1986年迁入醉白池，今沿用园内故迹"深柳读书堂"为名。

浙江私家名园

杭州明清园墅

明清时期建于杭州的园林。

杭州，简称杭，浙江省省会，位于中国东南沿海、浙江省北部、钱塘江下游、京杭大运河南端，是浙江省的政治、经济、文化和金融中心，中国七大古都之一，中国重要的电子商务中心之一。杭州以风景秀丽著称，素有"上有天堂，下有苏杭"的美誉。市内人文古迹众多，西湖及其周边有大量的自然及人文景观遗迹。杭州是吴越文化的发源地之一，历史文化积淀深厚。其中具有代表性的独特文化有良渚文化、丝绸文化、茶文化，此外还流传下来许多故事传说。

杭州历史悠久，风景秀丽。南宋偏都临安，明修筑西湖，清康熙、乾隆南巡江南，主要以西湖为中心进行建设，杭州园林得以大规模发展。就西湖总体而论，尽管其间散布大量的皇家行宫园林、祠寺园林及邸宅园林等独立封闭景点，却仍以公共游豫为主要特征，故而杭州园林属于公共游豫园林类型。杭州明清园林最具特点处为取之天然山水，辅以人工，遂成天然山水园林形态。而人工山水园多为平地造园，或借部分山水之势进行模山范水。以山水为境域，达妙极自然之境界，轩堂斋馆有处可居，亭台楼阁有景可眺，廊榭敞屋，景外有景，借景而成。

◆ 杭州园林发展

衰落期

元代蒙古掌权，杭州为浙江省治，屡遭战乱，时局动荡。工商业没落，宫殿御园被毁，园林发展阻滞。明朝开国之际，造园活动亦止步不前，步入低谷阶段。就社会等级而言，热衷造园活动的文人、士大夫未受重视，阶级地位由高至低产生变化。

中兴期

元至正（1341～1367）年间，京杭大运河南北贯通，直达京城，为国内主要交通津口，西湖因此招揽了众多游客。明代宣德

（1426～1435）、正统（1436～1449）年间，杭州渐复兴盛，地方官员遂关注西湖。弘治十六年（1503），郡守杨孟瑛冲破达官显贵的层层阻碍，西湖得以疏浚。据明《西湖游览志》卷一载："是年二月兴工，……斥毁田荡三千四百八十一亩，……自是西湖始复唐、宋之旧。"疏浚工程是从淤塞严重的苏堤以西开始，经洪春桥、茅家埠一带湖水，所挖的葑泥用于加宽苏堤，另在里湖堆筑长堤，称杨公堤。通过地方官员的关注、疏浚、修筑，西湖周边的园林才得以复兴。

复兴期

明万历（1573～1620）年间，孙隆任苏杭织造太监。在任期修筑寺庙、白堤、湖心亭、问水亭等山水园林。明末，王思仁有记："西湖之妙，山光水影，明媚相涵，图画天开，镜花自照，四时皆宜也。……胜在岳坟，最胜在孤山与断桥。……湖心亭宜月，宜雪，宜烟雨，宜晚霞落照。……两堤梅桃杨柳，花事斓殊有致。……冷泉亭，架壑据峰，山既飞来，水亦飞至。"西湖园林诸景再现兴盛。万历三十五年，钱塘县令聂心汤于湖中小瀛州放生池之外，筑环形长堤，形成"湖中湖"的鲜有水景园林格局。万历三十九年，杨万里继筑外埂，至万历四十八年而规制尽善。池外造小石塔三座，谓之三潭。重整湖心亭，修筑小瀛洲，修建三潭石塔等园林胜景，致使西湖山水园林的景象复得繁荣。

鼎盛期

明末清初之际，西湖景物失色："湖复失修，淤泥菰葑，充塞弥漫，两堤六桥及诸名胜，倾圮相望。"据《武林旧事》记载："湖上御园，南有聚景、真珠、南屏，北有集芳、延祥、玉壶，皆俯瞰西湖。……称集芳园在葛岭初阳台，……论者皆以西湖为尤物破国，比之西施云，……'既岚影湖光，今不异昔'。……而已荡为寒烟矣。"至顺治（1644～1661）年间，稍有起色。清室好南巡，尤以杭州为首。地方官员为迎合皇室雅兴，对西湖园林名胜大肆整治和修缮，造园活动日趋兴盛。玄烨数次游历西湖，题字南宋"西湖十景"，地方官即建碑立亭，作为标记。十景处处皆有御碑亭、御书楼，造园者据其历史人文，兴造庭园建筑。康熙四十二年（1703），于孤山之麓建行宫，雍正时改圣因寺。后弘历南巡，于圣因寺西部建行宫别苑，并题有"行宫八景"。雍正（1723～1735）年间，西湖景目增多，出现十八景致，即"杭州十八景"。弘历六次游西湖，为"西湖十景"题诗勒石，复题书"龙井八景"，位于偏狭山区的龙井，引游人广为瞩目。西湖景点遍布杭州，有一千多处。清朝西湖山水园林的发展，继南宋之后到达第2个顶峰，既缘于"康乾盛世"的历史背景，又与帝王雅爱山水园林有直接关系。以康乾二帝为代表，他们喜好品鉴园林，热衷造园理法，善借造园之景，并付诸实践，兴建离宫别苑，分布南北。清帝的造园理念及热情，在思想、文化上很大程度地影响了当时的园林创作和审美。西湖作为帝王研究的主要对象，融合南北造园之理，亦深受影响，主要体现在西湖十景园林的修筑上。位于京城的皇家园林，均借景于西湖园林形态，譬如颐和园昆明湖东西两堤，取自西湖"苏堤"六桥之景。西湖经历数次疏浚，又至鼎盛繁荣之象，复得自然胜景。与此同时，湖心亭、小瀛洲两处水景园林，造园艺术趋于完善。

◆ 杭州明清园墅简介

录有杭州明清园墅的清朝人著作，较早的有厉鹗《东城杂记》。厉鹗自号樊榭山民，生于康熙三十一年，卒于乾隆十七年（1752），据其自序，书成于雍正六年（1728）。他所撰这部笔记，关于古杭东城的名胜、古迹、文物及其来历，以至诗、文、词咏等等很有史料价值。其次是钱泳（1759～1844）的《履园丛话》二十园林卷。近人童寯《江南园林志》也简及杭州明清园墅。

《东城杂记》中有提及西岭草堂、高云阁、金中丞别业、皋园、药园、东里草堂、城曲茅堂、兰菊草堂、半亩居、庚园、半山园、竹深亭、玉玲珑阁、玉玲珑馆等。《履园丛话》中有提及玉玲珑阁、玉玲珑馆、潜园、长丰山馆等。《江南园林志》中有提及皋园、红栋山庄、汾阳别墅、金溪别业、水竹居、漪园、小瀛洲三潭印月、西泠印社等。《江南园林志》最后提及"以上诸园，除皋园外，皆为咸、同兵火以后所建，且皆靠里湖。三潭印月在苏堤东小瀛洲，有三角亭、万字廊。孤山公园图书馆、博物馆一带，高下为园；博物馆即昔之文澜阁，阁前山池颇精。西泠印社与此连为一气，同为孤山游赏佳地焉"。

◆ 明代杭州园墅

岣嵝山房

岣嵝山房位于灵隐山麓，明代园林。园主李芳，杭州人，自号岣嵝山人，其园因而得名。张岱《西湖梦寻》卷二《西湖西路》记载："造山房数楹，尽驾回溪绝壑之上。溪声淙淙出阁下，高厓插天，古木蓊蔚，人有幽致。"

青莲山房

青莲山房是明代洪澜的别墅，不久为包涵所所有，改名包庄。据《西湖梦寻》卷二《青莲山房》记载，该庄"山房多修竹古梅，倚莲花峰，跨曲涧，深岩峭壁，掩映林峦间。公有泉石之癖，日涉成趣，台榭之美，题绝一时。外以石屑砌坛，柴根编户，富贵之中，又著草野"。

包衙庄

包衙庄为包涵所的别墅，有南北两园。南园在雷峰塔下，北园在飞来峰下。《西湖梦录》卷四《包衙庄》载，其中北园建筑更别致，"作八卦房，园亭如规，分作八格，形如扇面。当其狭处，横亘一床，帐前后开阖，下里帐则床向外，下外帐则床向内。涵老据其中，扃上开明窗，焚香倚枕，则八床面面皆出"。康熙时，为汤右曾所有，称为汤庄。

藉花居

藉花居位于雷峰塔附近，是明初洪武（1368 ～ 1398）年间杭州净慈寺僧广衍所建的园林。他参加编纂《永乐大典》后归老于此。"林亭幽雅，开傍湖滨，长夏荷舒，清馥满室。"

楼外楼

楼外楼又名小瀛洲，是位于涌金门外的私人园林。据《西湖梦寻》载，它是明代天启（1621 ～ 1627）年间祁彪佳的别墅。祁是吏部尚书商周祚的女婿。据《湖山便览》卷七《涌金门》："明时园亭鳞比相并，有祁世培的楼外楼，余武贞的尺远居。南则有黄元辰的池上轩，周中翰的芙蓉园；北则有张元汴的寄园，戴斐臣的戴园。"

醉白楼

相传，唐代杭州刺史白居易常在野客赵羽所建的楼房中饮酒作乐。白居易应赵羽所邀，亲书"醉白"两字。后人故称其为醉白楼，初在芳学埠，明改名吴庄。

◆ 清代杭州园墅

清代三百年中，杭州建立的园林大多是宅园式的园林。康、乾南巡之时，杭州的园林，尤其南宋遗留的园林与西湖十景多有恢复与整葺，康熙、乾隆都为西湖作碑题诗。同时又在孤山建立了行宫，行宫后苑有四照阁、玉兰馆、瞰碧楼、竹凉处、绿云径等八景而闻名远近。

竹素园

竹素园位于西湖之畔，雍正九年（1731），浙江总督李卫辟地建为园。次年雍正帝御书"竹素园"悬于正厅、内有流觞亭、水月亭、临花舫、观瀑轩、聚景楼，俱擅湖山之胜。《湖山便览》卷三《孤山路》载："在苏堤第六桥西，右引桃溪之水，屈曲环注，仿古人流觞之意。临水构亭，亭西置舫斋曰临花舫。迤南为水月亭，后为楼曰聚景。最后为观瀑轩，为香泉室。湖上泉流之胜，此为最著。"

杭州竹素园

漪园

漪园旧址在今西子国宾馆内，《湖山便览》卷七《南山路》载："宋代甘园西址，明末为白云庵。"雍正（1723～1735）年间，杭州人汪献珍重加修葺，易名"慈云"，增构亭榭，杂莳花卉，沿堤为桥，以通湖水。乾隆二十二年（1757），乾隆南巡至杭州，游览了慈云园，并御题"漪园"为额而改名。

小有天园

小有天园，初名壑庵，位于南屏山麓，清初杭州人汪之萼的别墅。"石皆瘦削玲珑，似经洗剔而出。有泉自石罅出，汇为深池，游人称赛西湖。"乾隆十六年临幸，御题"小有天园"，并赋诗《小有天园之韵》："始信壶中别有天，芳园一曲傍湖边。玉梅倚石如高士，斑鹿穿林见古仙。深扩翠屏疑贮月，细铺瑶草亦耕烟。南山最好供留赏，睿想清莹不落诠。"

◆ 晚清时期杭州园墅

晚清时期，尤其是光绪（1875～1908）年间，杭州的私家宅园增加至少三十多处，其中以俞楼、金溪别墅、端友别墅、水竹居等为出名。

俞楼

俞楼位于孤山路旁。是晚清学者俞樾的讲学著书之地。此处面湖枕冈，极幽秀之趣。光绪五年（1879），徐琪《俞楼记》说："依山筑垣，间以修廊短篱，四时花木，杂莳其中，而以楼之主。轩窗洞开，可受三面之景。南为小轩，以象湖艇。北有曲栏登山，山石嶙峋，千态万状，若与门下诸生，环而听讲。然其上一平如砥，可资觞诵。"

金溪别墅

金溪别墅位于金沙港。建于光绪年间，初为杭城唐子安之祠堂，俗称唐庄。内有亭、楼、厅等建筑，雅致古朴。此外有金沙泽元堂、吸翠园、香罗轩、曲水短桥、丛林翠柳，环境宜人。春天品茗、秋日看花，较他处有别趣。俞樾撰联"金溪小筑，宛在一方"，因而得名。

端友别墅

端友别墅位于卧龙桥北。光绪三十三年绸商宋端甫所建，故又名宋庄。以园内蓄养孔雀而出名。中华民国初曾抵押于杭州孔凤春香粉店，旋而卖给汾阳郭氏，改称汾阳别墅，俗称郭庄。园濒西湖构台榭，有船坞，以水池为中心，曲水与西湖相通，旁叠湖石假山，玲珑剔透。园内景苏阁正对苏堤，可观外湖景色。内有对联"红杏领春风，愿不速客来醉千日；绿杨足烟水，在小新堤上第三桥"。

郭庄

水竹居

水竹居位于丁家山，南宋时甘园遗址。始建于光绪末年，是香山刘学询的别墅，俗称刘庄。他以豪赌起家，曾在晚清捐钱买官候补道，二品顶戴。园内粉黛列屋，最为宏丽。蛎墙虹栎，错杂水湄，窗际帘波与湖际水波互相萦拂，洵为雅观。这是当时西湖四周别墅中最富丽的宅园，誉为西湖第一名园。传说刘因资助孙中山革命经费，与大清银行、交通银行发生债务纠纷达十年之久。

芝园

芝园位于今元宝巷，晚清商豪胡雪岩约于同治十一年（1872）耗银十万建成。园内松石花木，备极奇珍，筑有五丈高的假山，颇似灵隐飞来峰。山上有拜月亭、四照阁，望之有凌云之势。光绪九年（1883），胡经商失败。光绪二十九年，他的子孙将此园以十万两银子抵押给刑部尚书、协办大学士文煜。

中山公园

中山公园位于孤山之麓，原为康熙、乾隆南巡驻跸的西湖行宫。中华民国初年改为行宫公园，行宫八景尚存。1927年，改名中山公园，以纪念民主革命的先行者孙中山，清行宫八景观遗迹尚存不少，如文澜阁以及碑石等。"西湖天下景"亭，是清行宫一角，风景独秀，1932年，文人黄文中为之题联"水水山山处处明明秀秀，晴晴雨雨时时好好奇奇"。

杭州孤山中山公园清行宫遗址

第3章

并蓄中西——岭南私家名园

江西私家名园

庐山草堂

唐白居易建造的草堂。位于江西省九江市庐山香炉峰下。唐宪宗元和十年（815），白居易被贬为江州司马，"知足保和"取代"为民请命"开始在他的思想中占据上风。受到这种退隐思想的影响，元和十二年，白居易在风景秀丽的庐山香炉峰下建造了草堂。此后直到元和十四年转任忠州刺史前，他在江州的一半时间里都住在庐山草堂，创作了大量诗文，其中最重要的是《庐山草堂记》，描写了这处山居的选址、建筑、景致和个人的园居体验。

庐山草堂选址在香炉峰和遗爱寺之间，是甲于庐山的风景胜绝之地。白居易在面峰腋寺的平坦处，建造了这座简朴的草堂："三间两柱，二室四牖，广袤丰杀，一称心力。"北面开门，可以引风纳凉；南

庐山草堂

面辟窗，可以采光御寒。木材墙壁不施油漆粉刷，石阶纸窗，竹帘布幕，表现出素净简约的风格。与之相应，室内的陈设也简朴高雅："堂中设木榻四，素屏二，漆琴一张，儒道佛书各三两卷。"

草堂前方有块平地，其中一半为平台，台南的一半开凿方池，池中养植白鱼白莲，环池栽种山竹野卉。草堂、平台、方池构成一组景致。以此为中心，四周、四时皆有胜景可观。堂北靠山，呈现层崖积石的峭壁景观，其上丛生着杂木异草。其余三面皆为水景：堂西贴近北崖余脉，用剖开的竹子架在空中，将崖上泉水引到草堂屋檐上，悬注而下，"累累如贯珠，霏微如雨露，滴沥飘洒，随风远去"；堂东是一处瀑布，"水悬三尺，泻阶隅，落石渠，昏晓如练色，夜中如环佩琴筑声"；瀑布水量较大，汇入堂前的方池，在南部流出形成石涧，夹涧栽种松杉，高处修柯戛云，低处枝叶拂水，松下还有灌丛萝蔓，形成避暑的僻静之所，其间以白石铺路，供人进出。此外，这一带"春有锦绣谷花，夏有石门涧云，秋有虎溪月，冬有炉峰雪"，四时胜景不绝。

在这样的山水环境中，白居易"仰观山，俯听泉，旁睨竹树云石，自辰及酉，应接不暇。俄而物诱气随，外适内和。一宿体宁，再宿心恬，三宿后颓然嗒然，不知其然而然"，身心得到完全的休憩，个人、草堂与自然和谐交融，呈现出"天人合一"的理想境界。

南昌青云圃

明末清初画家八大山人的故居。位于江西省南昌市南郊定山桥旁，占地面积 13000 平方米。旧称太极观、太乙观、天宁观，又称青云谱。

青云圃已有 2500 多年的历史。早在公元前 6 世纪，周灵王子乔在此拓基"炼丹"。到西汉末年王莽（公元 9 ～ 23）时期，南昌尉梅子真隐居于此并行医看病，后人为了纪念他，建了梅仙祠。东晋大兴四年（321），许旌阳在鄱阳湖一带治理水患，路过梅仙祠，认为这里确实是一块"风水宝地"，于是"解囊购坞，筑之，树之，且圃且浚"，梅仙祠的规模扩大并被改名为太极观。这时，它已初具园林之形。

唐宋时期，青云圃的规模进一步扩大。唐太和五年（831）更名为太乙观。北宋至和二年（1055）又敕建，更名为天宁观。

清顺治十八年（1661），八大山人（画家朱耷的别号）从穷僻的奉新山林寺院转回南昌，便在天宁观的旧地上创建起青云圃，青云圃一名自此而定。那时这座道院包括关帝殿、吕祖殿、许祖殿及方丈堂、斗姥阁，后来又逐渐扩建殿宇，并规划形成了"十二景"——岭云来阁、香月凭桥、五夜经缅、七星山绕、池亭放鹤、柳岸闻箫、五里三桥、九曲一涧、钟声谷应、芝圃樵归、荷迎门径、梅笑林边。尔后，"十二景"又衍为"内十景"及"外十景"，这时的青云圃已经是一座很有特色的园林了。

清嘉庆（1796 ～ 1820）年间，青云圃衰落，面目已非八大山人在日可比。据《青云谱志略》记载："迨嘉庆暮年，有令人不堪设想者，……道院百间，随风寥落，一片荒烟，不第草木含悲，即文士亦裹足矣。"嘉庆二十年（1815），状元戴均元将青云圃改名为青云谱，以示"青云传谱，有稽可考"。此后，青云谱之名便一直沿用至今。自八大山人创建青云圃以来，300 多年间，该圃多次兴毁，现在保留的一些建筑物大多数是清末民初重修的。但就整个规模和布局来看，对照《青云谱志略》

中的木刻全图，大致还是相似的。进圃的第一道门垣、第二道门垣基本上保留了清初的面貌，几座主要建筑物就其形式和风格来看，则有所改变。几个大殿由歇山式屋顶改成了地方特色的封火墙建筑。变动最大的是斗姥阁，原是歇山式，经中华民国初改修，成了封火栈房形式，没有了阁的特征。斗姥阁的窗，上边是半圆放射形花格，门槛则是规整的半圆形步阶。

中华人民共和国成立后，为纪念这位画家，于1958年筹建了八大山人书画陈列馆，1959年10月1日正式开放。1963年进一步扩建青云圃，新筑东南角的围墙，并将吐珠山包了进来。圃内扩大放生池，并建亭筑岸，种树栽花，给青云圃增添了不少景色，使这一古朴幽雅的圃院又新姿焕然，吸引着中外的游人。

青云圃八大山人纪念馆

福建私家名园

福州传统私家园林

闽都园林的典型代表。以明清时期为主，分布于福州及闽东地区，主要集中保存在福州的三坊七巷和朱紫坊历史街区中。

由于地处江南南部，园主大都为士大夫文人，福州私家园林深受江南园林的影响，也明显地融入沿海的地方特色，但是比起京师（今北京）

及江南，福州的社会经济和文化略显落后，在园林规模、精致化程度、艺术造诣上稍显逊色；受朝贡和对外通商的影响，尤其至近代开埠后，洋务运动、船政文化，使福州又走在了中外交往的前列，随着西风东渐，园林中的多元文化融合并存较为明显；又因为福州地处与岭南类似的南亚热带气候，也使福州私家园林成为具有江南园林和岭南园林过渡地带特征的地方性园林。

◆ 园林

受空间条件限制，园林在整个宅园中占比较小，比江南园林更为精致小巧，有"方寸山水园"之称。园虽小，仍寄情于自然山水，造园的各要素山、水、花木、建筑、桥梁等一样不少，且皆善借外景，又将园和屋融为一体，多通过假山登楼进入二层空间，而不设楼梯，寓为天人合一。每至山阶高处，可借园外山水风景、波浪式的马鞍山墙及山墙组成的万顷碧波的坊巷风貌，是闽都城市的独有特色。

◆ 叠山理水

叠山理水所用材料有鲜明的沿海地方特色，石料多为海礁石，鲜有太湖石等外地材料。因空间有限，假山更偏重在狭小的空间中体现变化和层次，山多靠边缘，借墙而起，山虽不大，但是峰、谷、壑、洞、石阶等一样不少，还巧以陶罐石条充塞以求山体轻巧，以白墙泥塑以示远山千壑，以雪洞假山以连鱼沼厅堂，极尽巧工。与岭南园林类似，小空间中水

二梅书屋假山雪洞

池多采用半自然式和几何形式为主，纯自然式的较少，水面也以聚为主适应小庭院空间，沿池设置曲桥、散石等，打破单调的水岸线，以小见大。

◆ **园林建筑**

宅园虽小，但花厅、楼阁、水榭、亭廊、平台等各式园林建筑形式丰富，大都精致小巧与园林相适应。花厅多开敞通透，不苛求正南取中，而注重与园林空间的适应；楼阁为主人读书会友之处，高下左右或为外借远景，或求与园中山水巧妙融合；常见的亭、廊、榭等，体型精巧，或临水、或依墙、或骑山，布局灵活多变，尤其多用半亭、角亭，以适应边角和山石之间的小空间。受外来文化影响，也常有近代洋式建筑与传统园林的结合，加之传统民居建筑特有的马鞍形封火山墙，丰富多彩的墙头墙帽，与庭园景致的结合是为福州古典私家园林的特色。

◆ **植物造景**

因地处南亚热带，福州私家园林中已有类似岭南的植物特色。常用常绿阔叶树，以求遮阴，多植有白兰、榕树、桂花、苹婆、芭蕉等，还常见种植荔枝、龙眼、杧果、黄皮等果树，具有实用之美。方寸的小园林中，更加注重植物的姿态和神韵，一花一木，皆传情达意，也通过许多拟人化的植物象征园主的理想，抒发某种情感，如二梅书屋的梅、林觉民故居卧室前的蜡梅。

◆ **福州私家园林简介**

小黄楼

福州传统私家园林的代表之一，位于黄巷中段北侧 36 号，是福州三坊七巷中有文字记载的最早的宅第和私家园林。相传为唐进士、崇文阁校书郎黄璞故居的遗址，清雍正（1723～1735）年间至乾隆（1736～1795）前期为林枝春居所，乾隆后期归梁上治、梁上国兄弟，再传楹联大师梁章钜。清道光十二年（1832），梁章钜由江苏布政使任上因病归田回福州，对黄楼进行重修，次年又修葺宅东边小园，名曰"东园"，形成了现有小黄楼宅院和园林的基本格局。2006年被公布为全国重点文物保护单位。

　　小黄楼整个宅院总面积3640平方米，建筑规模宏大，布局紧凑，庭园小巧精致，是福州明清古民居的典型代表。梁章钜任职江苏8年，曾修葺过可园和沧浪亭等江南名园，回乡后修建的小黄楼既有江南园林的精华，同时也融入了福州地方的特点。这也是福州三坊七巷诸多私家园林较为典型的特色，这些园主大都有京师和江南一带任职的经历。园林为典型的侧园式，分东西两园，西园保留完好，东园在中华人民共和国成立后曾经改建为福建省文联宿舍，遭到一定程度的破坏，后在旧址发掘和清理的基础上重新修复。

　　西园是福州传统私家园林的精华之一，庭园呈规则的长方形，面积虽不足百余平方，但园林要素齐全，由北侧两层木屋小楼黄楼、东西两廊和南面的假山、雪洞（避暑的场所）、半亭、池沼、小桥、花木等园林元素组成，山石雪洞与建筑融为一体，空间层次丰富，精致小巧、意境深远。黄楼二楼原为藏书阁，一楼花厅为梁章钜迎宾会友、作画题字之处。一楼两侧壁弄，以传统灰塑成雪洞，洞内峥嵘突兀，南侧东西洞口分别刻有"竹林""深处"，北面洞口分别刻有"名胜""古迹"。

南面水池为典型的半规则式池沼，临黄楼做规则驳石岸和竹节状护栏，南侧环池假山做出自然式的水洞、石矶，水面最大面积露出，又以"知鱼桥"斜跨分左右二水，故水面幽深而无狭小之感。假山以海礁石叠成，依墙壁而筑，在狭小庭院中，营造丰富的高低错落之势。山中有洞，接东西廊尽处做"引入胜""豁然崖"雪洞，由洞进入可循道至水池岸，洞内还有石级至假山顶，过半边亭至黄楼二层，可外借于山、乌山之远景，所谓借山登楼、跋山涉水、循洞入室，一方小园内，即有室内室外穿行山水间的丰富体验和空间过渡。

东园与西园的造园手法相似，但是面积规模稍大，约 1.5 亩。1833年梁章钜修葺东园时邀友人为十二景作诗以记之，分别为藤花吟馆、榕风楼、百一峰阁、荔香斋、宾月台、小沧浪亭、宝兰堂、潇碧廊、般若台、澹困沼、浴佛泉和曼华精舍。东园虽不及西园的小巧精致，但是将十二景按照不同的尺度、高低进行布局，虚实结合、远近相宜皆有景，既有假山上依墙而筑的小沧浪亭，和着小面积的澹困沼，成为东园南部小巧富有层次的园内景致，又有北部的百一峰阁和宾月台，不仅是全园的制高点，又可远眺园外的美景。

小黄楼庭园作为福州迄今为止保存最完好的古代私家园林，体现了清代福州造园的高超技术和艺术特色，尤其是梁章钜将福州庭园小巧精致与江南园林特色融合，可视为福州古典私家园林代表之作。

小黄楼庭园

芙蓉园

位于朱紫坊内芙蓉巷内，临近安泰河。古时规模甚广，东通法海寺前，北达朱紫坊，又有小径通府学里，是福州以精巧著称的古园林。始建于宋代，其主体原系宋时参知政事陈辔的芙蓉别馆，因遍植芙蓉故名。园内泊台为明长史谢汝韶别馆，东座曾为明首辅叶向高别业。清光绪（1875～1908）年间，由福州藏书家龚易图耗资经营，辟"芙蓉别岛"（主体）、构"武陵园"（副座）。中华民国后期为海军将领陈兆锵花园，"文化大革命"时期被破坏。2006年被列为全国重点文物保护单位。

芙蓉园整个宅院坐北朝南，是典型的福州民居布局和建筑特色，占地面积2000多平方米。园内原有两座假山、三口鱼池以及花亭雪洞、楼台水榭、曲桥回廊等，结构精巧；古树成荫，有荔枝树一株，传为叶向高手植。园中景致以水石胜，园林水池曾与安泰河地下泉水相通，随潮汐涨落，并以水池为中心环布假山，池塘花木成趣，设计极为巧妙。园中假山奇石之多，为全市罕见，曾有太湖石十余挺，具透、瘦、皱之美，山林之貌亦不逊于苏州园林。

修缮后的芙蓉园具有池亭之胜，东侧以一条平桥分为南、中、北三部分，水面以桥为中轴对称。北部连接二进东院落，结石为台基，可观全园之景。中部景区主要是由山石、鱼池组成的山水景观，山体紧贴东、南部墙层层抬高，东部以山体为景观主体组织游线和景观节点，侧重于以不同视角游历园林。南部东角有八角半亭，与西角枵仙亭互成对景。枵仙亭为三层亭阁，三层居高临下可俯瞰后花园全园景色及墙后花厅。居中布置的是圆形月洞门，是芙蓉园后花园空间序列处理的重要布置内容之一，于墙后花厅看向月洞门，空间上采用了延伸、对景、框景的手法，将后花园之景框成山水画卷，与北部平台隔洞墙相望，形成深远的空间层次。月洞门向南通道可至芙蓉园南侧园林，南侧园林以较为开敞的水面为中心，廊桥将水面分隔开，环水布置建筑假山，假山退居边缘、倚墙而立，显得开敞自然。山顶竖向堆叠，形成地势高差，可众览全园。山内开凿雪洞，供穿游嬉戏。

芙蓉园是宋代以来福州园林艺术最高水平的代表，作为福州四大园林（其余三者为双骖园、武陵园、环碧轩）中现存唯一得以修复重现的园林，虽数易其主、历经沧桑，但仍可见其造园艺术的精华所在。

林聪彝故居

林聪彝故居位于宫巷 24 号，始建于明末，清顺治元年（1644），唐王朱聿键在福州即帝位时，于此设立大理寺衙门，后明亡，房屋数次易主。清道光（1821～1850）年间，为林则徐次子林聪彝所购置，其晚年居此，直至病终。林聪彝对该院落进行过大规模的修葺改造，故居气魄恢宏，在福州古民居中并不多见。1953 年福建文史研究馆曾设于此，2006 年被公布为全国重点文物保护单位。

故居坐北朝南，四面风火墙，毗邻三座，占地面积 3056 平方米，是明清时期福州最大的住宅之一，布局基本保留完好。宅园内的建筑装饰非常精美，雀替、悬钟、窗棂、墙檐灰塑、壁画彩绘等工匠技艺精湛，是福州典型的清式缙绅豪宅。入内正厅三面环廊，南面照壁上彩绘"獬豸"，是明代大理寺衙门标志。

故居园林位于主座东侧的跨院，由前、后花厅及中部园林组成，规模不大，地势平坦，但空间曲折多变、高下变化。园林东南为山池区，靠墙叠石掇山，假山面积是三坊七巷园林中最大的一座，山内曲径通幽、山顶辟有小径，景色随山势起伏变化。假山上有一棵小叶榕独树成林、增添山趣。山北水池设水湾，跨水湾架双孔石桥，既可打破单调的水型，又可作为分隔园内南北空间的界限。山池北面是园中主体建筑——花厅，以后楼为屏，前设宽广平台，位置最为显目，于此可纵览山池景色。花厅以西分别为八角亭和单面曲廊，向南延伸为方亭，八角亭与方亭之间互为对景。园林向南循假山内雪洞可至墙后小阁楼，阁楼北天井倚墙而立一座假山、一座二层半亭。磴道藏于假山内，沿磴道可至半亭二层。假山不仅有土石混合，还掺杂如瓮、碗等器具，有减轻山石重量之妙，于方寸之间，营造更为轻巧精致和通透的假山石景，令人寻味。

林聪彝故居

林聪彝故居是清代福州规模相对较大的私家园林，营构精细，尤其是在园林空间的处理上，山、水、建筑、园路等巧妙的结合使得园林空间形态有扩大之感。园林整体布局通透，明澈敞亮，装饰和造园手法都极具福州特色。

王麒故居

王麒，系民国初李厚基新编陆军第十一混成旅旅长，其故居位于三坊七巷塔巷北面西段，前门在塔巷，后门在郎官巷。四面围墙，坐北朝南，占地面积 2225 平方米，但是花园面积狭小，占地约 38 平方米。故居保存较好，2013 年被公布为全国重点文物保护单位。其前身是汀州会馆，始建于清初，乾隆、嘉庆年间及中华民国时期均有修葺。

王麒故居花园可让人感受到清代、民国两个时代园林建筑风格的融合与对比，例如雪洞入口处菱形的彩色铺装和福州宅园内常用的石竹漏窗结合；半亭与阁楼、小方台互为对景。匠人巧妙地将清代的雪洞假山与民国建筑西洋风格完美衔接，其跨时代性在福州三坊七巷私家园林较为罕见。

故居花园极为小巧，可谓"方寸见天地"。鱼池、假山、雪洞、泥塑远山和楼阁一应俱全。在狭小空间内，礁石假山依墙而筑，环抱一汪小水，山中雪洞的设计更令人惊奇，环水、绕山、登高，蜿蜒曲折拾级而上，可见山顶一座依墙角而建的四柱半边亭，继而可登到阁楼的二层平台俯视全园。出露假山的高耸院墙有泥塑远山，是王麒故居造园精华所在，运用粉壁理石的手法和中国山水画的构图法则，将泥塑远山与山石花木融萃形成一幅立体山水画。从不同角度观赏整座假山有不同的感受，山底仰望峭壁嶙峋，山顶又有远山重叠，加以蓝色壁墙喻以天空，方寸之间，却有高远、深远之意。假山中还隐约可见弥勒佛和观音菩萨的形象，宗教色彩浓厚，雪洞内藏有"抗仙掌以承露"的题刻，体现神仙文化。园中花木不多，但有一株高大茂密的笔管榕遮天蔽日，根系健硕已有破坏山石和墙基之虞，从其硕大的尺度来看，可能不是园主建园之初所为。

　　王麒故居的园林从造园技艺和布局来看，各要素齐备、布局紧凑，空间体验丰富灵秀，虽方寸之中，却别有一番洞天，是福州"方寸山水园林"之典范。

泉州园林

　　建于中国泉州的私家园林。位于福建省泉州市。泉州古城平面形似鲤鱼，别名鲤城，五代清源军节度使留从效拓建城垣时，环城遍植刺桐树，故又称刺桐城。地处福建省东南部，北承福州，南接厦门，东望台湾宝岛。泉州历史悠久，周秦时代就已开发，260 年（三国时期）始置东安县治，唐朝时为世界四大口岸之一，宋元时期为"东方第一大港"，被马可波罗誉为"光明之城"。泉州是国务院首批历史文化名城，联合国唯一认定的"海上丝绸之路"起点，拥有"泉州十八景"。联合国教科文组织将全球第一个"世界多元文化展示中心"定址泉州。

◆ 泉州园林发展历程

　　泉州枕山面海，风景优美。城北清源山、朋山，城西的紫帽山和城南的罗裳山，号称四大名山，古人称它"山川之美为东南之最"。泉州有大批闽南独特风格的古建筑。东西双塔为南宋建八角五层楼阁式仿木构的花岗石塔，是中国古代石构建筑的瑰宝。东西双塔、开元寺大殿等古建筑和其他古园林共同构成了泉州这座历史文化名城的精粹。

　　泉州建城后，泉州州署宽敞，并有园林点缀其间。泉州最早的园林首推水园东湖，是公共游览地。湖在东城边，广袤四十顷。唐代即在湖中建有东湖亭、二公亭，缀以亭榭虹桥，湖光山色，十分壮观。湖东有灵山圣墓，是穆斯林共同景仰之地，因建筑风格特殊而成一景。唐时城内有詹厝山园林。詹厝山位于城西五塔巷，因堆土成山，故名。欧阳詹是福建登科第一人，在土山前建亭，以供登临吟咏。

五代时泉州开始营建人工园林。云台别馆、海印寺等别具风格，均位于郊外交通要道上，以招揽中原流寓公卿名士。留从效受封"晋江王"，治泉17年，建有郡圃、南园及别关别墅。

宋代泉州繁荣，登科为官者辈出，第宅高大，官署华丽，园林里叠石为山，池榭增辉。五老亭是积善院内的建筑之一，位于府治西南。这是宋皇祐（1049～1054）年间郡守陆藻与郡内五大夫相会的地方，由此得名。东街金池园是泉州第一个状元、宰相梁克家的园林，至今仍留有池塘。梁家在泉州建有相府，并有花园、金池、假山，十分豪华。南宋状元曾从龙建有山仔池，位于西门曾井巷，现仍留有一口古井。南门外宗正司在开元寺粉墙后，建有芙蓉堂、天宝池、忠厚坊，现在这一带仍为园林区，遗迹不少。节度推官厅在州治西，虽为官衙，也有幽雅的水园、纳凉轩、莲池等。元代蒲氏棋盘园规模宏大，位于南城，内有假山一列，充作棋盘衬托，又作观棋倚靠，建有凉台，为官员活动及对垒场所，后有池水，中有瀛洲。孙家园亭坐落在笋江水滨，这是一处贵族园府。

明代泉州多小园。假山池水成景居多，东街莱巷的温陵书院、承天寺的傅家池亭、泉州后城街的芹圃、胜果铺的水心亭、新门街文胜宫的朴园、涂门街清真寺口的瓯安馆即为代表。值得一提的是笋江水榭，它位于浮桥临江高石处，楼阁临江悬空而建，十分壮观。明代还在城北清源山一带开辟景点，山峰逶迤，川流如带。如何乔远的镜山山房、泰清隐庐。

清代以施琅四园为最，因他以平台之功备受宠爱，园林规模宏大，部分遗迹尚存。其中位于子城东南城壕旧址的苑斋夏园，亭、台、堂、林圃、山、池俱备，布置佳丽。乾隆屡次下江南，全国建园之风大盛，如泉州桂坛巷的范志山园、泉州州顶的督署园、今关帝庙的振村逸园、象峰一带的龚氏亦园、泉州通政巷的鳌园、南门青龙街的苏家园等，都争奇斗异，豪华壮丽。

中华民国时期，泉州富侨最多，讲究住宅宏阔点缀花木，但以自娱为主。如位于城区北门街的层园。

◆ 泉州园林的特征

泉州园林多集中在城内，与住宅联系，规模较小。园林布局以小空间内短距离欣赏为主，是城市山林的特点。泉州园林风格独特，构思巧妙，手法细腻，以小石堆大山的做法是园林特色，表现出"一峰则太华千寻，一勺则江湖万里"的境界。

泉州园林以自然山水为骨架，融人工建筑于自然美之中，东湖水园，巧借自然，云水碧波，以山水取胜，就是典型例证。人工建筑往往与开敞的山水地貌相结合，如笋江水榭和棋盘园，水榭就建在晋江江流景观的一块巨石上，尽有河山之胜。棋盘园扼今城南东鲁巷地段，面向晋江最开阔处，为蒲氏花园，独具匠心。以叠山理水再现自然，形成幽闭的空间，房屋组合得宜，正庭前必置石庭，成为泉州小园建设的主要特色。

泉州古园林大批是官僚士大夫为光宗耀祖而兴家筑园，或在致仕还乡后为陶情养性而造园；或因官场失意隐居乡野，为遁世而寄情山水。因此泉州古园林文化基础较为深厚，造园中比较讲究艺术布局和诗情画意。另外，从中原地区传入泉州的文化，包含有佛经圣典；从海上丝绸之路传来的文化中，又夹带着各种宗教。于是泉州便兴起了许多寺庙禅院，也都附有园庭，幽静清雅，别具一格。

泉州的古园林，就其艺术形式而言，是与祖国山水园传统一脉相承的，泉州明清园林也属文人山水园传统。同时，也由于所用造园材料的地域性和闽南文化背景的影响而产生了独特的风格。比如，水池多采取比较规整的平面，方池较多，池岸多以泉州附近惠安盛产的花岗岩条石砌筑，水池内一般都有假山叠石，石材多取自海边的浪激石，其洞穴形状及纹路肌理等与江南园林中常用的太湖石等大异其趣。园中的大型假山，多建有洞府或石室，但很少采用拱券式的结顶构造。园中的桥梁均为石桥，并以平板桥居多。园林建筑在园中所占比例很小，造型富有闽南民居的风味。园中植物主要是常绿阔叶花木，一年四季郁郁葱葱，花开不断。园林中的石刻题咏亦很普遍。此外，在泉州的古园林中，不仅有规模宏大的杰作，也有精致微缩的珍品。如清朝两广总督黄忠汉家宅中的一处庭园，仅七平方米的方寸之地内，依然是水池假山，石桥弯弯，花木葱茏。人虽不可身游其中，却足以神游饱览山水胜概，其布局之严谨，构思之精巧，工艺之细腻，令人叹为观止。

◆ **泉州园林简介**

东湖

始为沼泽之地，创湖造景始自唐。按泉州府志所载，唐时东湖水面即达四十顷，故欧阳詹赞云："含之以澄湖万顷，揖之以危峰千岭。"
湖水来自清源山，山下各潭涧水由尚书塘和七星坑（象炕沟）二路流入
湖塘。湖之南面设有二陡门，左名龙须涵（塘岸顶），右名郊水涵（水
涤村），通于溪湖。泉州在唐朝就是与海外交通的著名海港，商贾往来，
经济繁荣。湖上先后建有亭榭寺宇，是专供达官显爵、行旅商贾、骚人
墨客集会游憩、饮宴赋诗的胜地，湖中东湖亭为最早建筑物。盖欧阳詹
未中进士赴考之前，郡守席相与别驾姜辅曾行乡礼，假东湖亭为之宴送。
欧阳詹中进士之后，效法二公，亦假东湖亭宴请赴举之八秀才之后，日
渐知名于世。至于二公亭乃邑人为纪念对泉州文风曾作贡献的席旧、姜
公辅而建。二公亭建时，东湖亭仍存未废。湖上建有龙王庙，乃因唐朝
乾符（874～879）年间，湖中时有白龙出没，为供奉龙神而建庙祭祀。
据府志载，此庙于宋绍兴八年（1138）重修，十一年赐额福远，故又名
福远庙。东湖亦名"万婆湖"，盖湖中建有一座"万媪祠"。万媪祠也
称万氏妈，据称是浔美村女，嫁予湖心村民为媳。据云，万氏生来仙骨，
生前身后时而显灵为地方群众做不少好事。村民念其恩德，建祠奉祀。
总的说来，东湖水面浩瀚，天然景色如画。加以人工装饰，更加绰约多
姿。正如欧阳詹于《二公亭记》中描写亭建后情景："通以虹桥，缀以
绮树，……烟水交游，岩峦叠迴，……容影光彩，摇漪入澜。"足见湖
光山色之幽美，引人入胜，名不虚传。

迨至宋朝，复事开拓。宋庆元六年（1200），郡守刘颖以钱铁给予
十五禅寺使募工浚湖。历时一年，疏浚三万九千一百一十五丈。各深四
尺，积控塘湖泥封为四座小山。又在西南隅设四个陡门，以退潮水，湖

因之用作放生池，并在湖中创建一幢东湖放生祝圣宝胜禅院，另建一座恩波亭。恩波亭专供游人集拜所在。至此。东湖的各项管理事务，专由僧人可职经营。淳祐三年（1243），郡守颜颐，沿刘颖故牍，依旧拨款交付寺僧再次办浚湖事宜，共又疏浚五万五千丈，更积控湖泥封为三座小山。湖中山岛之间架造通桥两座，修复半泽陡门，置一水利局，仍交寺僧掌管。于是，东湖大小共有山墩七座，即大山、好仔山、公亭山、榆（圣）山、东溏山、进表山、白皮山等七座山，东湖遂有"七星湖"之称。湖斗村后山埔一带形如月状，叫月岛。乡人习称"七星拱月"，为东湖胜景之一。

泉州东湖公园七星拱月

明朝又有一次整修，系由郡守沈翘楚所事。府志载，明何乔远《浚河记》谓：明天启五年（1625），郡守沈翘楚到泉州上任，见湖景美丽就迁建宾客庐、宿侯馆于湖上。是年天旱，湖水干涸，因此，公出私钱，官绅从之，发起此次整修。而此次浚湖工程，因人力众多进程迅速，历时一月即告竣工。工程首为控道通海。引江海之水放乎七星，变死水为活流，改变宋置陡门只通溪湖、退潮之局限；次为"举其阔土联湖筑堤"。堤下造桥一座，堤上建亭，亭曰揽古亭。堤岸周处种树植草，以事绿化；再次分东湖为上下两塘，以湖中"廿五丈"为界岸，鱼荷依界采捕，交纳固定税收。通过明朝此次整修，东湖风景区作为游览胜地，青春焕发，湖光山色，熠熠生辉，既有亭榭楼阁，又有寺庙庐馆，虹桥通连，花木掩映，鱼戏荷花，舟穿烟波，风景更臻幽美。

东湖水面唐朝时达四十顷，千余年来由于水土流失和衍土为田，湖面逐渐缩小，湖床也日益淤浅。宋、明间虽有过三次较大规模的开浚，而天启以后300多年来未曾再有过浚湖之举，加以世家豪族或垦岸造田，或临湖建屋，致使湖区大减，七星墩也被夷平。如今的东湖，湖面不过十顷，水深仅一米左右（湖心也不过二米）。

南园

原为五代清源军节度使、晋江王留从效的花园，它背靠鹦哥山，依山布局，掘井凿池，栽榕育花，建有楼亭台榭。后舍宅为佛寺，南唐保大（943～957）末年至中兴（957～958）初年建寺，初名南禅寺。北宋景德四年（1007）赐名承天寺。历代屡经重修，规模仅次于开元寺，为闽南著名佛寺之一。寺内旧有宋代七个佛塔及宋石经幢等附属物，又有"一尘不染""梅石生香"等十景。南宋王十朋有《承天十景诗》，明张瑞图书以刻石，嵌立寺中。现存大殿为清末重建，十景石刻及梅花石等已移置开元寺。

招贤书院

五代潘山招贤书院，除溪山胜概外，茂林修竹，茅檐曲径，都具诗情画意。

金池园

宋朝状元、宰相梁克家府邸花园。其花园西起相公巷，东至金池巷。园内筑银台种梅，建金池植莲，表现"红梅傲霜，瑞莲并蒂"的意境，金池现仍有遗迹。

傅府山

俗称"三相傅"花园。宋人傅自得知兴化军，其弟傅自修为礼部尚书，其子伯寿为少师、伯成为太师。傅家环涂山拓园，松林竹径、亭台回廊，面对通津门，俯视浯江。

棋盘园

为宋末元初市舶司、福建行省中书左丞蒲寿庚的花园。该园有石板铺成棋盘格式的庭院，奕时以美女为活棋子而得名。绕以台榭、书房、荷池、假山、凉亭。至今城内仍存有棋盘园、溪亭、活棋子居处三十二间等地名，蜚声海内外。

小山丛竹、不二祠

泉州八景之一的"小山丛竹"过去都认为是朱熹的讲学处。朱熹在此讲学时，题"小山丛竹"，并撰联"事业经邦，闽海贤才开气运；文章华国，温陵甲第破天荒"。不二祠是欧阳詹的读书处，詹死后成为祀祠。不二祠未废时，有明朝何乔远撰联："不二悬堂，银勾铁画，论当年合班颜柳欧虞之列；无淫箴室，神窥天鉴，待后学直开关闽濂洛之先。"上联赞詹的字可与颜真卿、柳公权、欧阳询、虞世南并列，下联赞他的学识开闽学派之先河，并标明从前祠内堂上悬挂着"不二"匾额。这两个字是从欧阳詹的手书中选出，用来赞颂他首开"八闽文献"。但"不二"匾额已经不见了，祠宇也倒塌得只剩残垣一垛。1980年，泉州古园林普查座谈会的同志到市立第三医院调查时，第三医院医师职工提供线索和帮助，首先查访到"不二"匾额，接着又发现祠案二座，一写"唐詹公欧阳寥祠"，一写"唐欧阳行周祠"。通过实地查访，发现欧阳詹读书处"不二祠"在这里，欧阳詹的手书"不二"匾额重现人间，"不二祠"还有朱熹和何乔远撰联。专家们还进一步考证，近代高僧弘一法师（李叔同）也于此址圆寂。不二祠址的发现，使原有的"小山丛竹"成为集欧（阳）、朱、何、李四大贤才之地。

欧安馆

为明朝户部尚书黄景防住宅花园，在涂门街南侧、清净寺对面。园内布置有假山丘壑、井溜花径、水榭台松，精巧别致。

镜山山房

明何乔远著《闽书》的所在，经调查就在清源山赐恩岩傍，原有屋、亭、斋舍，绕以松柏荔枝。通过实地考证，虽然原有的房屋亭阁等建筑已荡然无存，而"镜山""镜亭""不厌""醉月岩""访稚孝"……诸岩刻犹存。这里居于清源名景赐恩岩、欧阳洞之间，环境幽美。若经核实史料，描摹其一阁、二亭、三室、四斋的原筑，加以修复，将是一处引人入胜的旅游点。

春夏秋冬四园

为清朝靖海侯施琅的花园，查考施琅为福建省泉州府晋江县石狮区衙口乡人。当兵之前，曾将他家祠堂外的守门石狮抱离数十尺，然后再抱原处。施琅因为平台有功封靖海侯，声色犬马，盛极一时，他以"春游芳草地""夏赏绿荷池""秋饮黄花酒""冬吟白雪诗"立意构筑的各具特色的春夏秋冬四园，共占地几百亩。

本书编著者名单

编著者（按姓氏笔画排列）

王 军	王 欣	王 燕	王文奎
王劲韬	王绍增	王振俊	毛晓玲
叶金培	田国行	朱震峻	刘 晖
许 航	孙大江	杜春兰	李 蕾
杨玉培	吴 成	邹怡蕾	汪菊渊
张先进	张启俊	张宝鑫	陈方山
陈其兵	周苏宁	周容伊	赵丹苹
赵御龙	胡兆忠	施奠东	姚亦锋
贺 振	徐 亮	郭喜东	郭湖生
唐星良	黄 晓	曹志君	梁永基
景长顺	鲁 勇	童 寯	鲍沁星
蔡 军			